剪映

视频后期剪辑

零基础入门到精通

许放 著

人民邮电出版社

北 京

图书在版编目（ＣＩＰ）数据

剪映视频后期剪辑零基础入门到精通 / 许放著. --
北京 : 人民邮电出版社，2024.4
ISBN 978-7-115-63497-9

Ⅰ．①剪… Ⅱ．①许… Ⅲ．①视频编辑软件 Ⅳ.
①TN94

中国国家版本馆CIP数据核字(2024)第007511号

内 容 提 要

本书循序渐进地讲解了使用剪映进行视频剪辑方法和技巧，可以帮助读者轻松、快速地掌握剪映的操作方法。全书包含 15 章内容，第 1 章~第 7 章主要剪映 App 的剪辑和调色功能及其应用方法，包括基础入门、视频剪辑、后期滤镜、添加文字和音频、相册效果、综合案例等内容；第 8 章~第 15 章则主要用剪映专业版，结合之前讲解的剪映功能，为读者介绍了视频剪辑思路和调色技巧。

另外，本书还提供了相关案例的素材和效果文件，以及专业讲师录制的讲解视频，方便读者边学习边消化，提高学习效率。

本书适合广大视频制作爱好者、自媒体运营人员，以及其他想要寻求突破的新媒体平台工作人员、电商营销与运营人员等学习和使用。

◆ 著　　　　许　放
　　责任编辑　张　贞
　　责任印制　陈　犇

◆ 人民邮电出版社出版发行　　北京市丰台区成寿寺路 11 号
　　邮编　100164　电子邮件　315@ptpress.com.cn
　　网址　https://www.ptpress.com.cn
　　固安县铭成印刷有限公司印刷

◆ 开本：700×1000　1/16
　　印张：14　　　　　　　　　　2024 年 4 月第 1 版
　　字数：323 千字　　　　　　　2025 年 5 月河北第 4 次印刷

定价：89.00 元

读者服务热线：(010)81055296　印装质量热线：(010)81055316
反盗版热线：(010)81055315

前　言

　　剪映是由抖音推出的一款集众多后期制作功能于一体的视频后期处理软件，其先后推出了手机版和电脑版，更有海量免费素材供用户使用，便于用户进行后期视频制作。本书精选近100个视频案例，以案例实操的方式帮助读者全面了解剪映的功能，做到学用结合。希望读者能通过学习举一反三，轻松掌握这些功能，从而制作出精美的视频。

主要特色

　　全案例式教学、实战示范：全书采用案例式教学方法，通过近100个实用性极强的实战案例，为读者讲解使用剪映进行视频剪辑、后期滤镜等的技巧，步骤详细，简单易懂。

　　内容新颖全面、通俗易懂：本书内容新颖全面，且难度适当、通俗易懂，从剪映的基础入门知识出发，以案例实操的方式对剪映的视频剪辑功能、后期滤镜功能、后期转场效果、字幕效果等知识进行了全方位的讲解。

　　附赠讲解视频，支持边看边学：读者不仅可以按照书中的步骤制作视频，还可以观看本书附赠的专业讲师的讲解视频。

内容框架

　　全书共15章，具体内容框架如下。

　　第1章　基础入门：剪映App的基础操作。介绍了下载安装、创建项目、剪映云、分割删除、缩放轨道等相关知识。

　　第2章　视频剪辑：剪映App的必会功能。讲解了视频素材的编辑、变速、定格、倒放、背景样式、抖音玩法、美颜美体、添加动画等内容。

　　第3章　后期滤镜：使视频更具美感。讲解了各种类型的滤镜的应用方法。

　　第4章　添加文字：图文并茂更有专业范儿。主要介绍了手动添加、文字模板、识别字幕、文字消散等添加字幕效果的方法。

　　第5章　添加音频：声画结合更具感染力。介绍了添加背景音乐和音效、提取音乐、链接下载、音量调节、音频变声等添加音频的方法等。

　　第6章　相册效果：将照片做成动态相册。结合之前的内容，讲解了各种动态相册的制作方法。

　　第7章　综合案例：周末出游Vlog。对之前的内容进行汇总，讲解了在剪映App上制作周末出游Vlog的剪辑素材和应用特效等技巧。

　　第8章　调色效果：短视频常用的调色技巧。主要介绍了剪映专业版素材库和滤镜库中的常用效果。

第9章　字幕效果：视频中必不可少的吸睛点。主要介绍了在剪映专业版中制作花字效果、文字倒影等字幕效果的方法。

第10章　卡点效果：动感视频更具感染力。讲解了在剪映专业版中将音乐和视频结合，制作各种卡点效果的详细步骤。

第11章　抠像合成：创意合成秒变技术流。主要介绍了色度抠图、智能抠像等功能的运用。

第12章　创意转场：提升视频档次的关键。主要介绍了剪映专业版中转场效果的应用和使用混合模式功能制作创意转场效果的详细步骤。

第13章　影视特效：将视频做出专业效果。主要介绍了剪映专业版中的画面特效和人物动作定格等效果。

第14章　片头片尾：迅速打造个性化短视频。对之前的内容进行汇总，讲解了多种片头片尾的制作方法。

第15章　综合案例：固态硬盘宣传广告。对之前的内容进行汇总，讲解了固态硬盘宣传广告的剪辑和调色技巧。

编　者
2023 年 12 月

目 录 | CONTENTS

第 1 章　基础入门：剪映 App 的基础操作

第 2 章　视频剪辑：剪映 App 的必会功能

第 3 章　后期滤镜：使视频更具美感

第 4 章　添加文字：图文并茂更有专业范儿

第 5 章　添加音频：声画结合更具感染力

第 10 章　卡点效果：动感视频更具感染力

第 11 章　抠像合成：创意合成秒变技术流

第 12 章　创意转场：提升视频档次的关键

第 13 章　影视特效：将视频做出专业效果

第 14 章　片头片尾：迅速打造个性化短视频

第 15 章　综合案例：固态硬盘宣传广告

第 1 章

基础入门：剪映 App 的基础操作

剪映 App 是一款功能非常强大的视频剪辑软件，拥有强大的编辑功能、超多的素材内容、各种滤镜和特效。对于许多短视频创作者来说，用一部手机就能完成拍摄、编辑、分享和管理等一系列工作。剪映 App 让视频的制作变得更加轻松和便捷。

本章将介绍剪映App的基础操作，包括下载安装、导入和导出视频、缩放轨道、素材替换和素材复制等，熟悉这些基础操作是学习剪映视频后期剪辑必不可少的内容。

1.1 下载安装 视频剪辑"神器"

下载安装剪映App的方法非常简单，用户只需要在手机"应用市场"找到剪映App，点击"安装"按钮即可。接下来演示下载安装剪映App的操作步骤。

步骤 01 打开手机"应用市场"，在顶部搜索栏中输入"剪映"，如图1-1所示。

步骤 02 找到剪映App后，点击"安装"按钮，如图1-2所示，下载安装完成后，即可在手机桌面看到剪映App，如图1-3所示。

图 1-1

图 1-2

图 1-3

提示

手机软件的安装步骤大同小异，iOS系统手机软件的安装步骤可能略有不同。iOS系统手机的用户可以在App Store（应用商店）中搜索"剪映"，找到后，点击"获取"按钮，如图1-4所示，下载安装完成后，即可在手机桌面看到剪映App，如图1-5所示。上述安装步骤仅供参考，请以实际操作为准。

图 1-4

图 1-5

1.2 导入和导出视频

下载安装好剪映App后，开始学习如何创建项目。剪映App的工作界面非常简洁，工具按钮下方往往贴有相关文字。通过对照文字，用户可以轻松地制作和管理视频。下面介绍如何在剪映App中导入视频素材。

步骤 01　打开手机桌面上的剪映App，进入剪映App主界面，点击"开始创作"按钮，如图1-6所示。

步骤 02　进入素材添加界面之后，点击"最近项目"，选择"山川河流"视频素材，点击"添加"按钮，如图1-7所示。

■ 提示

在素材添加界面中，也可以通过"剪映云"和"素材库"来导入视频素材。

图1-6　　　　　　　　　　图1-7

步骤 03　完成以上操作后，进入视频编辑界面、视频编辑界面主要分为预览区域、轨道区域和底部工具栏，如图1-8所示。滑动底部工具栏，可以在其中点击相应按钮给视频添加文字、音乐和特效等。完成操作后，点击"导出"按钮，即可保存视频，如图1-9所示。

图1-8　　　　　　　　　　图1-9

■ 提示

轨道区域包含轨道、时间轴和时间刻度三大元素。当需要对视频素材进行裁剪或者为视频素材添加某种效果时，就需要同时运用这三大元素来精确控制裁剪和添加效果的范围。在不选中任何轨道的情况下，底部工具栏仅显示一级工具栏；点击相应按钮，即会显示二级工具栏。需要注意的是，当选中某一轨道后，底部工具栏会随之变成与所选轨道相匹配的工具栏。

1.3 使用剪映云 实现手机电脑互联

无论是剪映App还是剪映专业版，其系统都会将视频自动传输至草稿箱。若用户误删了草稿箱中的视频，就无法找回了。剪映云可以帮助用户将视频上传到云空间，将视频备份，同时也可以实现手机和电脑之间的双向传输。

步骤01 打开剪映App，在素材添加界面中点击"剪映云"，点击"去上传"按钮（初次使用需要登录抖音账号），如图 1-10所示。

步骤02 进入"剪映云"界面后，点击加号按钮，如图 1-11所示，在弹出的界面中选择"上传草稿"，如图 1-12所示。

图 1-10

图 1-11

图 1-12

步骤03 选择需要上传的视频草稿，点击"立即上传"按钮，如图 1-13所示，操作完成后即可在剪映云中找到该视频，如图 1-14所示。

图 1-13

图 1-14

步骤04 打开剪映专业版，登录抖音账号，点击"我的云空间"，可以查看已上传的视频，如图1-15所示。

图 1-15

提示

如果需要更大的剪映云存储空间，就需要付费购买剪映会员。

1.4 分割删除 美味的小龙虾

将视频素材导入之后，可以对其进行分割处理，删除多余的片段，以截取需要的片段，下面介绍详细的操作方法。

步骤01 导入相应的视频素材，进入编辑界面，在视频轨道中点击选中素材，如图1-16所示，然后将其向左滑动，将时间线定位到5s位置，点击底部工具栏中的"分割"按钮，如图1-17所示。

步骤02 完成素材分割后，选中时间线后方的素材，然后点击底部工具栏中的"删除"按钮，将选中的素材删除，如图1-18所示。

图 1-16　　　　　　　　图 1-17　　　　　　　　图 1-18

1.5 缩放轨道 运动高光瞬间

在轨道区域可以滑动时间线来查看视频预览效果，如果素材时间过短，就很难对其中某一帧进行编辑，因此在剪映中可以通过缩放视频轨道来进行视频的精细剪辑，下面介绍操作方法。

步骤 01 在剪映App中导入名为"投篮"的视频素材，通过双指在视频轨道向内捏合缩小时间线，如图1-19所示。

步骤 02 双指向外滑动放大时间线，如图1-20所示。

图 1-19

图 1-20

1.6 素材顺序 四季花草集锦

在视频剪辑中，有时候需要对导入的素材进行排序，这样可以使视频呈现某种时间规律，下面以"四季"素材为例来讲解具体的操作流程。

步骤 01 将名为"春天""夏天""秋天""冬天"的视频素材导入剪映App，选中并长按需要调整位置的素材，如图1-21所示。

步骤 02 将选中的素材移动到正确的位置，如图1-22所示。

步骤 03 操作完成后，即可看到素材在视频轨道上进行了位置调整，如图1-23所示。

图 1-21

图 1-22

图 1-23

1.7 素材替换 盛放的郁金香

在进行视频剪辑时，如果发现不合适的画面，可以将素材直接替换掉。与直接删除素材相比，替换素材不易影响视频的画面效果，下面介绍替换素材的步骤。

步骤 01 在剪映App中导入3段视频素材，选中需要被替换的素材，在底部工具栏中点击"替换"按钮▣，如图1-24所示。

步骤 02 在弹出的界面中选择用于替换的素材（注意用于替换的素材时长一定要大于被替换的素材），然后点击"确认"按钮，如图1-25所示。

步骤 03 完成上述操作后，进入编辑界面，素材替换完成，效果如图1-26所示。

图 1-24   图 1-25   图 1-26

1.8 素材复制 奔跑中的女孩

在进行视频剪辑的过程中，可以对经常使用的素材直接进行复制，下面介绍具体的操作方法。

步骤 01 在剪映App中导入一段名为"奔跑中的女孩"的视频素材，选中视频轨道中的素材，滑动二级工具栏，找到并点击"复制"按钮▣，如图1-27所示。

步骤 02 完成上述操作后，复制的素材将直接出现在原素材后面，如图1-28所示。

图 1-27   图 1-28

第 2 章

视频剪辑：剪映 App 的必会功能

本章主要介绍剪映 App 中的各种功能，帮助用户轻松制作视频。接下来将以实际案例操作来介绍剪映 App 中具体功能的使用方法。

2.1 编辑功能 唯美天空之境

当拍摄视频或照片时，难免会出现一些不太令人满意的画面效果。编辑功能可以对视频素材进行镜像、旋转和裁剪操作，以调整构图，使画面更加协调完整。下面介绍操作方法。

步骤 01 在剪映App中导入名为"天空之境"的视频素材后进入视频编辑界面，选中轨道区域中的视频素材，在二级工具栏里找到并点击"编辑"按钮，如图 2-1所示。打开编辑功能选项栏，可以看到"镜像"▲、"旋转"◇和"裁剪"🔲 3个按钮，如图 2-2所示。

图 2-1   图 2-2

步骤 02 点击"镜像"按钮▲，画面将展现出镜像效果，如图 2-3所示。

步骤 03 恢复镜像调整前的效果，点击"旋转"按钮◇，画面将会旋转90°，如图 2-4所示。点击"旋转"按钮◇调整画面角度，让画面回到正面水平拍摄角度。

步骤 04 点击"裁剪"按钮🔲，进入"裁剪"编辑界面。裁剪时可以通过手指滑动裁剪框来自由调整裁剪比例，通过角度栏可以调整素材的旋转角度，如图 2-5所示。也可选择系统预设的裁剪比例，这里选择"4:3"，点击"确认"按钮✓，如图 2-6所示。

图 2-3   图 2-4   图 2-5   图 2-6

步骤 05　通过双指移动缩放，可以调整视频素材在预览区域的大小，如图 2-7 所示。在预览界面长按视频素材也可以调整其位置，此时会出现基准线，便于用户进行调整，如图 2-8 所示。

图 2-7

图 2-8

步骤 06　完成编辑后，预览效果如图 2-9 和图 2-10 所示。

图 2-9

图 2-10

2.2 变速功能 航拍加速效果

变速功能可以缩短或延长视频播放的时间，改变画面节奏，使画面更具动感。下面通过"航拍加速"案例来讲解具体操作过程。

步骤01 点击"开始创作"按钮，在剪映App中导入名为"航拍加速"的视频素材，如图2-11所示。

步骤02 点击"剪辑"按钮❌后点击"变速"按钮◎，再点击"常规变速"按钮，拖曳红色的圆环滑块调整整段视频素材的播放速度，如图2-12所示。将红色的圆环滑块拖至"0.5×"的位置，如图2-13所示。调整完成后点击"确认"按钮✓。

图 2-11

图 2-12

图 2-13

步骤03 点击"曲线变速"按钮，进入"曲线变速"编辑界面，如图2-14所示。点击"自定"按钮并点击"点击编辑"按钮，如图2-15所示。

图 2-14

图 2-15

步骤04 进入"自定"编辑界面，系统会自动添加一些变速点，向上拖曳变速点，即可加快播放速度，如图2-16所示；向下拖曳变速点，即可放慢视频播放速度，如图2-17所示。

图 2-16 图 2-17

步骤 05 点击"确认"按钮☑，返回"曲线变速"编辑界面，点击"蒙太奇"按钮并点击"点击编辑"按钮，如图 2-18 所示，进入"蒙太奇"编辑界面，如图 2-19 所示。

图 2-18 图 2-19

步骤 06 将时间线拖至需要变速处理的位置，点击"+添加点"按钮，如图 2-20 所示，添加一个变速点，效果如图 2-21 所示。

图 2-20 图 2-21

步骤 07 将时间线拖至需要删除变速点的位置，点击"一删除点"按钮，如图 2-22 所示，删除所选变速点，效果如图 2-23 所示。

图 2-22

图 2-23

步骤 08　在预设的变速效果中，这些变速点也可以自由拖曳，用户可以根据需要对变速点进行调整，让变速效果更加贴合视频内容，如图 2-24所示。点击"确认"按钮 ✓ 保存设置好的变速效果，自动返回编辑界面并预览视频效果。

▌提示

剪映 App 中除了"蒙太奇"效果，还有其他预设的变速效果，例如"英雄时刻""子弹时间""跳接"等，用户可以根据需要进行应用或者调整，从而使视频效果更好。

图 2-24

2.3　定格功能 草原策马奔腾

定格，顾名思义就是将视频画面定在某个瞬间，以增强画面的节奏感和视觉冲击力。用户可以通过剪映的定格功能制作出定格拍照的效果。下面介绍详细的操作方法。

步骤 01　点击"开始创作"按钮，在剪映 App 中导入一段名为"草原奔马"的视频素材，点击"关闭原声"按钮，如图 2-25所示。

图 2-25

步骤02 拖动时间线至需要定格的位置，选中视频轨道，在二级工具栏中点击"定格"按钮 ，如图 2-26 所示，此时视频轨道时间线的位置将生成一张时长 3s 的照片，如图 2-27 所示。

图 2-26

图 2-27

步骤03 点击"切画中画"按钮，如图 2-28 所示，形成新的视频轨道，如图 2-29 所示。

图 2-28

图 2-29

步骤04 将时间线拖至画中画开头的位置，点击"关键帧"按钮，为定格画面添加一个关键帧，如图 2-30 所示。

步骤05 将时间线往后拖动 1s 左右，在视频预览区域将照片缩小并旋转，此时会自动生成一个记录照片的变化轨道的关键帧，如图 2-31 所示。

图 2-30

图 2-31

步骤 06 选中定格照片，点击"动画"按钮 ▣，在"出场动画"选项卡中选择"向下滑动"动画效果，如图 2-32 和图 2-33 所示。

图 2-32   图 2-33

步骤 07 在定格的位置添加特效，返回一级工具栏后点击"画面特效"按钮 ▣，选择"边框"选项卡中的"白胶边框"特效，如图 2-34 和图 2-35 所示。

图 2-34   图 2-35

步骤 08 选中边框特效条，点击"作用对象"按钮 ▣，选择"画中画"作为特效应用对象，如图 2-36 和图 2-37 所示。

图 2-36   图 2-37

步骤09 按照步骤08的方法在"画面特效"中找到"基础"选项卡，选择"模糊"特效，如图 2-38所示，调整特效时长为2s左右。

步骤10 将时间线拖动到照片弹出位置，返回一级工具栏，点击"音频"按钮，如图 2-39所示。

图 2-38　　　　　　　　　　　图 2-39

步骤11 点击"音效"按钮，选择"手机"选项卡中的"咔嚓，拍照声1"音效，如图 2-40和图 2-41所示。

图 2-40　　　　　　　　　　　图 2-41

步骤12 完成所有操作后，即可制作出定格拍照效果，最后预览视频效果，如图 2-42和图 2-43所示。

图 2-42　　　　　　　　　　　图 2-43

■ **提示**

定格画面就和导入的视频素材一样，可以自由调整时长。

2.4　倒放功能 时光回溯效果

　　使用剪映App的倒放功能可以非常快速地为视频素材添加时光回溯效果，让视频在播放时给观众带来时光正在倒流的错觉，从而吸引眼球，给观众留下深刻印象。

步骤 01　点击"开始创作"按钮，在剪映App中导入名为"街道航拍"的视频素材，如所图2-44示。

步骤 02　点击"剪辑"按钮☒，滑动二级工具栏，点击"倒放"按钮◉，如图2-45所示，即可为视频素材添加时光回溯效果，如图2-46所示。

图 2-44

图 2-45

图 2-46

步骤 03　接下来利用倒放功能制作卡帧效果。双指拉长轨道，拖动时间线至需要制作卡帧效果的视频素材位置，选中时间轴区域中的素材，如图2-47所示。点击"剪辑"按钮☒后，再点击"分割"按钮▮，即可分割素材，如图2-48所示。然后将时间线向右拖动1s左右，再次点击"分割"按钮▮，如图2-49所示。

图 2-47

图 2-48

图 2-49

步骤 04 点击已经分割好的视频片段，滑动底部工具栏，点击"复制"按钮▣，如图 2-50所示，对此片段进行多次复制，使视频轨道上共有7个该片段，如图 2-51所示。

图 2-50 图 2-51

步骤 05 分别点击第二、第四、第六个复制片段，滑动底部工具栏，点击"倒放"按钮▣，如图 2-52所示，完成对视频片段的倒放处理，如图 2-53所示。

图 2-52 图 2-53

步骤 06 将时间线拖至视频素材开始的位置，点击"音乐"按钮▣，然后在上方搜索栏搜索名为"1815Km"时长为16s的音乐素材，点击"下载"按钮，然后再点击"使用"按钮，如图 2-54所示，为视频素材添加音乐素材，如图 2-55所示。

图 2-54 图 2-55

步骤 07 拖动时间线至音乐素材结尾处，选中视频素材并进行分割处理，删除尾端多余视频素材后，点击"播放"按钮▶，对视频效果进行预览，如图2-56所示。

■ 提示

倒放功能不仅可以用于制作卡帧效果和时光回溯效果，也可以用于制作各大平台上很火的物品自动复位效果，还可以配合其他视频素材制作出许多酷炫的视频画面。

2.5 背景样式 打造梦幻海景

图 2-56

在对视频素材进行比例调整之后，视频素材播放时会出现难看的黑边，而用户除了可以放大裁剪视频素材外，还可以为视频素材添加好看的背景样式。这些背景样式使视频素材不再单调，而更具美感，同时合适的背景样式还可以让视频素材表现得更加丰富有趣，呈现出不一样的效果。

步骤 01 点击"开始创作"按钮，在剪映App中导入名为"梦幻海景"的视频素材，滑动下方的一级工具栏，点击"比例"按钮回，将视频素材的比例调整为9:16，并点击"确认"按钮✓，如图2-57所示。

步骤 02 滑动底部工具栏，点击"背景"按钮，然后点击"画布模糊"按钮，如图2-58所示。选择第三种画布模糊效果，再点击"确认"按钮✓，即可为视频素材添加背景样式，如图2-59所示。

图 2-57

图 2-58

图 2-59

步骤 03 除了画布模糊这种背景样式以外，剪映App还提供了许多不同风格的背景样式供用户选择。点击"画布样式"按钮 🖼，如图 2-60 所示，弹出"背景样式"选项卡，就能看到剪映App提供的丰富的背景样式，如图 2-61 所示。

图 2-60　　　　　　　　　　　　图 2-61

提示

除此之外，用户还可以点击"背景样式"选项卡中的"添加背景"按钮 🖼，在本地相册中选择更符合自己喜好和更贴近视频素材效果的图片作为背景样式。

2.6　抖音玩法 立体相册效果

抖音玩法是剪映App特有的功能之一，为用户提供了多种运镜、分割、变脸、人像风格调整、人物表情变换等多种效果。抖音玩法功能结合一定的创意及创作能力，可以立刻打造出引人注意的"爆款"短视频。

步骤 01 点击"开始创作"按钮，在剪映App中导入一段"稻田女孩"的视频素材，如图 2-62 所示。

步骤 02 拖动时间线至需要定格的画面处，点击"剪辑"按钮 ✂ 后滑动二级工具栏至最后，找到并点击"定格"按钮 ▣，如图 2-63 所示，将该时间点的画面定格为一张图片，如图 2-64 所示。

图 2-62

图 2-63　　　　　　　　　　图 2-64

步骤03 拖动时间线至定格画面素材后，选中定格画面素材后的视频片段，点击"删除"按钮，如图2-65所示，将该视频片段删除，如图2-66所示。

图 2-65　　　　　　　　　　　　　图 2-66

步骤04 选中定格画面素材，点击"剪辑"按钮，滑动一级工具栏找到并点击"抖音玩法"按钮，如图2-67所示。滑动二级工具栏找到并点击"立体相册"按钮，即可为定格画面素材添加立体相册效果，如图2-68所示。

图 2-67　　　　　　　　　　　　　图 2-68

步骤05 将时间线拖至定格画面素材前的位置，点击"音频"按钮后，再点击"音效"按钮，选择机械效果下的"拍照声"音效，让视频素材更具吸引力，如图2-69所示。

■ **提示**

抖音玩法不仅仅只有立体相册这一种效果，还有如AI绘画、调整人物表情、场景变换等。作为剪映App的特有功能，抖音玩法功能可以用来制作精美的短视频。

图 2-69

2.7 美颜美体 重返二八年华

在视频后期处理过程中，用户需要对视频素材中的人物进行一定程度的美化，使人物看起来更具魅力、更上镜、更能吸引观众目光。

步骤 01 点击"开始创作"按钮，在剪映App中导入名为"美颜美体"的视频素材，如图 2-70 所示。

步骤 02 点击"剪辑"按钮✂，滑动底部工具栏，点击"美颜美体"按钮🔘，如图 2-71 所示。

图 2-70   图 2-71

步骤 03 点击"美体"🔲按钮，如图 2-72 所示。在"智能美体"分类下，用户可以对视频素材中的人物使用"瘦身""长腿""瘦腰""小头"等形体美化效果，如图 2-73 所示。

图 2-72   图 2-73

步骤 04 设置滑块数值，如图 2-74 所示。分别将"瘦身"数值设置为 50、"长腿"数值设置为 80、"瘦腰"数值设置为 60、"小头"数值设置为 30，最终效果对比如图 2-75（美体前）和图 2-76（美体后）所示。

图 2-74

图 2-75   图 2-76

步骤 05　点击视频素材，滑动底部工具栏，再点击"美颜美体"按钮 █，接着点击"美颜"按钮 █，如图 2-77 所示。在"美颜"分类下，用户可以对视频素材中的人物进行"磨皮""肤色""祛法令纹""祛黑眼圈"等操作，如图 2-78 所示。

图 2-77   图 2-78

步骤 06　设 置 滑 块 数 值，分 别 将"磨皮"数值设置为35、"美白"数值设置为70，最终效果对比如图 2-79（美颜前）和图 2-80（美颜后）所示。

图 2-79   图 2-80

2.8 添加动画 丝滑运镜效果

剪映App中具有许多别具动感的动画效果，当用户使用照片制作视频或者视频素材内容太过单一时，都可以为素材添加一些动画效果，让画面显得更加生动活泼。

步骤 01 点击"开始创作"按钮，在剪映App中导入名为"城市1""城市2""城市3"的3段视频素材，如图2-81所示。

步骤 02 点击"剪辑"按钮 ✂ 后，再点击"动画"按钮 ▣，接着选择"入场动画"选项，滑动选项卡选择"斜切"效果，为第一段视频素材添加时长为0.5s的入场动画效果，如图2-82所示。然后选择"组合动画"选项，滑动选项卡选择"中间分割Ⅱ"效果，如图2-83所示。

图 2-81 　　　　　　　　　　图 2-82 　　　　　　　　　　图 2-83

步骤 03 选择第二段素材，选择"组合动画"选项，滑动选项卡选择"分身Ⅱ"效果，如图2-84所示。然后选择第三段视频素材，点击"组合动画"，滑动选项卡选择"分身"效果，如图2-85所示，点击"确认"按钮 ✓，保存设置好的动画效果。

图 2-84 　　　　　　　　　　　　　图 2-85

步骤 04 将时间线拖至视频素材开始处，点击"音频"按钮 🎵 后，再点击"音乐"按钮 ⏺，在搜索栏中搜索名为"Baby Don't Cry"、时长为26s的音乐素材，点击"使用"按钮，为视频素材添加音频，如图2-86所示。拖动时间线至视频素材结尾处，点击音频，将多余的音频删除，如图2-87所示。

图 2-86　　　　　　　　　　　图 2-87

2.9　混合模式 新年浪漫烟花

混合模式是剪映App中一个非常好用的功能，可以制作片头、片尾、转场效果，为视频带来丰富的感官体验，并且还可以和"画中画""关键帧""动画"等功能组合使用。简单地操作混合模式可以制作出好看的视频特效，给观众带来视觉上的冲击感。

步骤 01 点击"开始创作"按钮，在剪映App中导入名为"*新年浪漫烟花*"的视频素材，如图2-88所示。

步骤 02 点击"画中画"按钮 🖼 后，点击"新增画中画"按钮 ⊞，添加名为"*水墨特效*"的视频效果素材至画中画轨道，添加后如图2-89所示。

图 2-88　　　　　　　　　　　图 2-89

步骤 03 在视频效果预览界面点击"水墨效果"视频效果素材，按住该素材的两个斜对角向外拖曳，如图2-90所示。这样可以进行视频效果素材放大处理，使其完全覆盖位于该素材底下的"新年浪漫烟花"视频素材，如图2-91所示。

步骤 04 选择"水墨效果"视频效果素材后，点击"混合模式"按钮，再点击"滤色"效果，如图 2-92所示，点击"确认"按钮，即可为视频素材添加"滤色"效果。将时间线往后拖曳3s预览视频效果，如图 2-93所示。

图 2-90　　　　　图 2-91　　　　　图 2-92　　　　　图 2-93

步骤 05 为了让视频素材更加生动有趣，用户还可以为视频素材添加文字效果和背景音乐。点击"文本"按钮后，再点击"文字模板"按钮，接着选择"手写字"选项，选择"山川湖海"效果，如图 2-94所示。将第一行字改为"新年"，点击文字输入框后的"切换"按钮，如图 2-95所示，就可以切换到第二行字，并将其改为"快乐"，如图 2-96所示。

图 2-94　　　　　　　图 2-95　　　　　　　图 2-96

步骤 06 点击文本轨道，如图 2-97所示，将文本轨道时长调整为与视频素材时长一致，如图 2-98所示。

步骤 07 点击"音频"按钮后，再点击"音乐"按钮，搜索名为"Peace"的音乐素材，如图 2-99所示。将时长为53s的音乐素材添加至音频轨道中，删除多余的音频素材，如图 2-100所示。

图 2-97　　　　　　　　　　　　图 2-98

提示

在混合模式中，要做到过滤黑色部分、保留白色部分，除了可以用"滤色"效果，还可以用"变亮""强光"效果；而如果要过滤白色部分、保留黑色部分，则要选用"变暗""叠加""柔光"等效果。这些效果在运用时会存在一定的差异，用户在使用时也应该根据具体需要的视频效果来进行调整。

图 2-99　　　　　　　　　　　　图 2-100

2.10　剪同款 可爱萌宠卡点

用户在剪映 App 中可以自由挑选喜欢的视频模板，利用剪同款功能在导入视频或图片素材后一键生成视频。用户借助剪同款功能，可以通过非常简单的操作制作出精彩的视频，具体步骤如下。

步骤 01　打开剪映 App，点击"剪同款"按钮，即会出现相应页面，如图 2-101 所示。

步骤 02　在屏幕上方搜索栏搜索"可爱萌宠卡点"，这里选择第一个模板，如图 2-102 所示。

图 2-101　　　　　　　　　　　　图 2-102

步骤 03 点击模板后进入预览界面，点击屏幕右下角"剪同款"按钮，导入名为"橘猫1"~"橘猫8"的图片素材，如图 2-103 所示。长按任意一个导入的图片素材即可进入图片素材排序界面，根据模板和想要的视频效果长按需要调整的图片素材进行排序，如图 2-104 所示。

步骤 04 调整好图片素材顺序后，点击"确认"按钮✅，再点击"播放"按钮▶，预览视频效果，如图 2-105 所示。

图 2-103   图 2-104   图 2-105

提示

剪映 App 中有非常多的模板可以使用，但是很多模板是需要付费购买的，用户也可以自己制作模板后上传至剪映 App 中。

2.11 画中画 3 屏复古短片

画中画功能可以让不同的视频素材出现在同一画面中，例如用户在使用手机进行视频通话时，手机屏幕上同时显示双方摄像头捕捉的画面，这就是画中画功能的一种应用。

步骤 01 点击"开始创作"按钮，在剪映 App 中导入名为"旗袍美女1"~"旗袍美女3"的视频素材，如图 2-106 所示。

步骤 02 点击"比例"按钮▣，将视频比例更改为 9:16 后，点击"确认"按钮✅保存视频。点击第二段视频素材，滑动工具栏点击"切画中画"按钮⤧，如图 2-107 所示，即可将第二段视频素材移动至画中画轨道。完成"切画中画"操作后，其余的视频素材不用再次进行同样的操作，长按视频素材就可以将它们移动至画中画轨道上或者移回主轨道，如图 2-108 所示。

图 2-106

图 2-107　　　　　　　　　　　　　　　图 2-108

步骤 03　点击选中第二条轨道上的视频素材，如图 2-109 所示，在预览界面中将其调整至屏幕上方。选中位于最下方轨道上的视频素材，如图 2-110 所示，在预览界面中将其调整至屏幕最下方。

图 2-109　　　　　　　　　　　　　　　图 2-110

步骤 04　点击"特效"按钮后，在二级工具栏中点击"画面特效"按钮，再在边框列表中选择添加"纸质边框Ⅱ"，将边框时长调整为与视频素材时长一致，如图 2-111 所示。

步骤 05　返回二级工具栏，点击"画面特效"按钮，再次添加"纸质边框Ⅱ"，添加后点击"作用对象"按钮，将作用对象切换为"画中画"，调整时长，使其与视频素材时长一致。对第三段视频素材进行同样的操作，调整画面特效的作用对象和时长与其他素材保持一致，如图 2-112 所示。

图 2-111　　　　　　　　　　　　　　　图 2-112

步骤 06 将时间线拖至视频素材开始处，点击"音频"按钮 ⓓ 后，点击"音乐"按钮 ⓓ，在屏幕上方搜索栏搜索名为"Go Blue"的音乐素材，下载后点击"使用"按钮，如图 2-113 所示。为视频素材添加背景音乐，添加成功之后删除多余的音频素材，如图 2-114 所示。

图 2-113   图 2-114

2.12   关键帧 城市宣传短片

在视频素材的不同位置添加关键帧，并根据视频素材内容调整关键帧参数，这样不仅可以模拟各种视频转场运镜效果，还可以使视频素材随着时间变化产生多种动态变化。

步骤 01 在剪映App中导入名为"日出""岳麓山""天心阁""橘子洲头""开福寺""五一广场""杜甫江阁""长沙夜景"的视频素材，并按顺序排列好，如图 2-115 所示。

图 2-115

步骤 02 点击"音频"按钮 ⓓ 后，点击"音乐"按钮 ⓓ，为视频素材添加一段合适的背景音乐。选中音频，将前面声音较小的部分删除，删除后如图 2-116 所示。点击"踩点"按钮 ⓟ，开启"自动踩点"功能，选择"踩节拍Ⅰ"，点击"确认"按钮，完成自动踩点，效果如图 2-117 所示。

图 2-116　　　　　　　　　　　　　　　图 2-117

步骤 03　　选中第二段视频素材，滑动底部工具栏，点击"滤镜"按钮 ，在"黑白"列表中点击添加"蓝调"滤镜，适当调整滤镜强度，如图 2-118 所示。

步骤 04　　将时间线拖至第二段视频素材开始处，点击视频预览界面右下角的"添加关键帧"按钮 ，为视频素材添加关键帧，效果如图 2-119 所示。

图 2-118　　　　　　　　　　　　　　　图 2-119

步骤 05　　将时间线往右移，对齐节拍点，点击"添加关键帧"按钮 ，在该位置添加关键帧，效果如图 2-120 所示。点击"滤镜"按钮 ，将调整"蓝调"滤镜值的滑块强度拖至最左侧，如图 2-121 所示。点击"确认"按钮 ，保存已经设置好的关键帧效果。

图 2-120　　　　　　　　　　　　　　　图 2-121

步骤 06 对除了前面开头处的"日出"和"长沙夜景"两段视频素材以外的所有视频素材进行相同的操作，如图 2-122 所示。然后删除多余的音乐素材，如图 2-123 所示。

图 2-122　　　　　　　　图 2-123

步骤 07 拖动时间线至第一段视频素材开始处，点击"文本"按钮 T，点击"文字模板"按钮，在手写字列表下选中"奔赴未知浪漫"，并将文本内容改为"你好长沙"，拖曳文本素材至合适的位置，调整文本素材时长，使其与视频素材时长一致，效果如图 2-124 所示。对最后一段视频素材的结尾处进行相同操作，将文本内容更改为"长沙欢迎你"，效果如图 2-125 所示。

图 2-124　　　　　　　　图 2-125

步骤 08 将时间线拖至第二段视频开始处，点击"文本"按钮 T 后点击"新建文本"按钮 A+，将字体样式更改为"聚珍体"，文本内容更改为与视频素材名称相同的"岳麓山"，调整文本素材时长，使其与视频素材时长一致，如图 2-126 所示。对其余视频素材进行同样的操作，最终效果如图 2-127 所示。

■ **提示**

除了用于上述案例中的渐变效果外，关键帧还有很多的应用方式。例如，关键帧结合蒙版可以实现蒙版逐渐移动的效果；关键帧甚至还能与音频轨道结合，实现任意阶段音量的渐变效果。

图 2-126　　　　　　　　图 2-127

第 3 章

后期滤镜：使视频
更具美感

　　在视频剪辑中，我们可以为视频添加滤镜，使视频色彩的
风格保持一致，让视频画面拥有更好的表现力。本章主要是提
供案例作为参考。不同的视频画面需要的滤镜往往不一样，希
望大家可以根据本章提供的滤镜类型举一反三，制作出更好的
视频滤镜效果。

3.1 风景滤镜 碧海蓝天

在制作旅游类等风景画面较多的视频时，用户可以为视频素材添加风景滤镜，以此来弥补前期拍摄时的一些缺陷，让画面更加自然明亮，为观众带来更好的视觉体验。

步骤 01 点击"开始创作"按钮，在剪映App中导入名为"碧海蓝天"的视频素材，如图3-1所示。

步骤 02 滑动底部工具栏，点击"滤镜"按钮◎，在"风景"分类下选择"风铃"效果，如图3-2所示。为视频素材添加该滤镜效果，拖曳滑块，调整该滤镜强度至最高值，如图3-3所示。

图 3-1

图 3-2

图 3-3

步骤 03 选中视频素材，滑动底部工具栏，点击"滤镜"按钮◎，选择"调节"选项，如图3-4所示。

步骤 04 对各项参数进行调整，依次将"亮度"调整为20，"对比度"调整为−10，"饱和度"调整为−10，"光感"调整为15，视频画面调整前后的效果对比如图3-5和图3-6所示。

图 3-4

图 3-5

图 3-6

亮度，即画面的明亮程度，其数值越大，画面越明亮。

对比度，即画面的明暗对比程度，对比度数值越大，明暗对比就越明显，色彩表现越丰富。

饱和度，即画面色彩的纯度或鲜艳程度，饱和度数值越大，画面看起来越鲜艳。

锐化，即画面的清晰程度或锐度，锐化程度越高，画面中的图像边缘越清晰，细节对比度更高，可以让模糊的图片变得更加清晰。

色温，即画面的冷暖倾向，色温数值越大，画面表现越趋向于暖色；色温数值越低，画面表现越趋向于冷色。

高光/阴影，高光是物体直接反射光源的部分，阴影是光线被遮挡后物体产生的投影。对高光/阴影的数值进行适当的调整，可以使视频画面更具立体感。

暗角，即让画面四角变暗，人为制造"失光"效果。

褪色，即画面中颜色的附着程度，褪色数值越大，颜色附着程度越低，看上去就像放久了的老照片。

3.2 美食滤镜 蒜蓉生蚝

现在美食类视频也是大多数观众喜欢浏览的视频，用户可以为美食类视频素材添加"美食"滤镜，使视频画面中的食物更有质感。

步骤01 点击"开始创作"按钮，在剪映App中导入名为"蒜蓉生蚝"的视频素材，如图3-7所示。

步骤02 滑动底部工具栏，点击"滤镜"按钮，在"美食"分类下选择"暖食"效果，如图3-8所示。将该滤镜效果添加至视频素材中，拖曳滑块，调整该滤镜强度至最高值，如图3-9所示。

图3-7

图3-8

图3-9

步骤 03 选择"调节"选项，依次将"亮度"调整为15，"对比度"调整为20，"饱和度"调整为20，"光感"调整为−5，画面调整前后的效果对比如图 3-10和图 3-11所示。

图 3-10

图 3-11

█ **提示**

在为美食类视频画面添加滤镜时，主要通过调色使原本发灰、整体偏暗、令人没有食欲的原片变成颜色鲜艳、整体明亮、令人食欲大振的成片。

3.3 人像滤镜 温柔女孩

借助剪映App中的人像滤镜，视频画面中的人物可以呈现更好的状态。

图 3-12

步骤 01 点击"开始创作"按钮，在剪映App中导入名为"温柔女孩"的视频素材，如图 3-12所示。

步骤 02 滑动底部工具栏，点击"滤镜"按钮🔘，在"人像"分类下选择"亮肤"效果，如图 3-13所示。拖曳滑块，适当调整"亮肤"效果的强度，如图 3-14所示。

图 3-13

图 3-14

步骤 03 选择"调节"选项，依次将"亮度"调整为20，"对比度"调整为-50，"饱和度"调整为10，"光感"调整为10，调整前后的画面效果对比如图 3-15和图 3-16所示。

图 3-15

图 3-16

■ 提示

在人像调色的过程中，根据需要对人像使用不同的滤镜可以营造不同的氛围感，便于更好地通过画面去明确表达主题。

3.4 夜景滤镜 灯火璀璨

剪映App中丰富的夜景滤镜可以帮助用户轻松制作出灯火璀璨的效果，让视频画面更具感染力。

步骤 01 点击"开始创作"按钮，在剪映App中导入名为"灯火璀璨"的视频素材，如图3-17所示。

步骤 02 滑动底部工具栏，点击"滤镜"按钮🖾，在"夜景"分类下选择"橙蓝"效果，如图3-18所示，拖曳滑块，调整该滤镜强度至最高值，如图3-19所示。

图 3-17

图 3-18

图 3-19

步骤 03 选择"调节"选项，依次将"亮度"调整为 - 5，"对比度"调整为 - 10，"饱和度"调整为20，调整前后的画面效果对比如图3-20和图3-21所示。

图 3-20

图 3-21

> **提示**
>
> 借助夜景滤镜，除了可以制作灯火璀璨的效果，还可以制作类似"赛博朋克"的夜景效果。

3.5 露营滤镜 清新草原

许多人会选择外出露营，以亲近自然，放松身心。通过剪映 App 中的露营滤镜，用户可以让露营 Vlog 的画面变得更清新自然。

步骤 01 点击"开始创作"按钮，在剪映 App 中导入名为"清新草原"的视频素材，如图 3-22 所示。

步骤 02 滑动底部工具栏，点击"滤镜"按钮，在"露营"分类下选择"雾野"效果，如图 3-23 所示，拖曳滑块，调整该滤镜强度至最高值，如图 3-24 所示。

图 3-22

图 3-23

图 3-24

步骤 03 选择"调节"选项，依次将"亮度"调整为 10，"对比度"调整为 -15，"饱和度"调整为 10，"光感"调整为 10，调整前后的画面效果对比如图 3-25 和图 3-26 所示。

图 3-25   图 3-26

3.6　室内滤镜 温暖书房

　　为拍摄室内环境的视频素材添加"室内"分类下的滤镜，可
以增强画面的氛围感，调动观众情绪。

步骤01　　点击"开始创作"按钮，在剪映App中导入名为"温
暖书房"的视频素材，如图3-27所示。

步骤02　　滑动底部工具栏，点击"滤镜"按钮，在"室内"
分类下选择"梦境"效果，如图 3-28 所示，拖曳滑块，调整该滤
镜强度至最高值，如图3-29所示。

图 3-27

图 3-28   图 3-29

步骤03　　选择"调节"选项，依次将"亮度"调整为20，"对比度"调整为－15，
"光感"调整为－10，调整前后的画面效果对比如图 3-30 和图 3-31 所示。

图 3-30   图 3-31

3.7 黑白滤镜 钟表情怀

黑白滤镜是常用的滤镜之一，使用黑白滤镜可以为视频画面营造出充满回忆的氛围，使视频画面更有表现力。

步骤 01 点击"开始创作"按钮，在剪映App中导入名为"钟表情怀"的视频素材，如图3-32所示。

步骤 02 滑动底部工具栏，点击"滤镜"按钮 ，在"黑白"分类下选择"褪色"效果，如图 3-33 所示，拖曳滑块，适当调整该滤镜的强度，如图3-34所示。

图 3-32

图 3-33　　　　　　　　图 3-34

步骤 03 选择"调节"选项，依次将"亮度"调整为 - 10，"对比度"调整为 - 50，"饱和度"调整为10，"光感"调整为 - 50，调整前后的画面效果对比如图 3-35 和图 3-36 所示。

图 3-35

图 3-36

███ 提示

剪映App中有许多种黑白滤镜，它们之间存在一定的差异；用户可以选择不同风格的黑白滤镜来制作需要的视频画面效果。

3.8 风格化滤镜 冬日落雪

风格化滤镜运用在视频素材中，可以打造出不同的视频风格，给观众不一样的视频体验。

步骤 01 点击"开始创作"按钮，在剪映App中导入名为"冬日落雪"的视频素材，如图3-37所示。

步骤 02 滑动底部工具栏，点击"滤镜"按钮，在"风格化"分类下选择"竹绢"效果，如图3-38所示，拖曳滑块，调整该滤镜强度至最高值，如图3-39所示。

图3-37

图3-38

图3-39

步骤 03 选择"调节"选项，依次将"亮度"调整为20，"对比度"调整为–50，"饱和度"调整为20，调整前后的画面效果对比如图3-40和图3-41所示。

图3-40

图3-41

■ **提示**

剪映中的风格化滤镜非常有特色，从国风到欧美风、强反差等，都有相应的风格化滤镜，这些滤镜也可以为视频画面添加一些特有的纹理。

3.9 影视级滤镜 秋之落叶

当用户需要为视频画面增添影视感，渲染画面氛围，调整画面情绪时，可以为视频素材添加影视级滤镜来达到想要的视频效果。

步骤 01　点击"开始创作"按钮，在剪映App中导入名为"秋之落叶"的视频素材，如图3-42所示。

步骤 02　滑动底部工具栏，点击"滤镜"按钮，在"影视级"分类下选择"蓝灰"效果，如图3-43所示，拖曳滑块，调整滤镜强度至最高值，如图3-44所示。

图3-42

图3-43

图3-44

步骤 03　选择"调节"选项，依次将"亮度"调整为10，"对比度"调整为20，"饱和度"调整为10，"光感"调整为 –50，调整前后的画面效果对比如图 3-45和图 3-46所示。

图3-45

图3-46

第3章　后期滤镜：使视频更具美感

3.10 复古胶片滤镜 古街小巷

通过剪映App中的复古胶片滤镜，用户可以很轻松地打造复古画面，让视频画面效果在不同年代、不同地点之间随意切换。

图3-47

步骤 01　点击"开始创作"按钮，在剪映App中导入名为"古街小巷"的视频素材，如图3-47所示。

步骤 02　滑动底部工具栏，点击"滤镜"按钮⊙，在"复古胶片"分类下选择"千玺IXU"效果，如图3-48所示，拖曳滑块，调整滤镜强度至最高值，如图3-49所示。

图3-48　　　　　　　　　　　图3-49

步骤 03　选择"调节"选项，依次将"亮度"调整为–15，"对比度"调整为－20，"饱和度"调整为50，"颗粒"调整为50，调整前后的画面效果对比如图3-50和图3-51所示。

52

图3-50　　　　　　　　　　　　　　图3-51

■ **提示**

复古胶片滤镜通常指的是中国香港20世纪80年代至90年代的电影风格。人们在复古风短视频的拍摄与剪辑中，经常参考的又是20世纪90年代初中国香港电影的风格。这种风格比20世纪80年代至90年代的中国香港电影风格的氛围更轻松，结构更加自由，色彩更加浓郁，胶片感更重。

第 4 章

添加文字：图文并茂更有专业范儿

给视频添加文字，可以让视频中的信息更加丰富，重点更为突出，一般是添加视频的标题、字幕、关键词、歌词等内容，同时用户也可以为文字添加贴纸或者动画效果，使视频画面更具表现力。本章主要介绍剪映 App 中的添加文字功能，帮助用户制作生动有趣的文字效果。

4.1 手动添加 旅游景点打卡

　　用户不但可以借助剪映App制作出引人注目的字幕效果，还可以通过调整字幕的各项参数来制作出不同样式的文字效果。

步骤 01　　点击"开始创作"按钮，在剪映App中导入名为"315国道""大地之血""丹霞地貌""翡翠湖""茶卡盐湖""艾肯泉""双色公路"的视频素材，如图4-1所示。

步骤 02　　点击底部工具栏中的"文本"按钮**T**后，再点击二级工具栏中的"新建文本"按钮**A+**，在文字输入框中输入"中国最美最孤独的公路"，可以看到预览区域的视频素材画面中也出现了相应的文字，如图4-2所示。

步骤 03　　选择"字体"选项，再选择"书法"选项，选择"江湖体"，如图4-3所示。用户可以通过更改字体，使文字与视频画面更加贴合。

图 4-1　　　　　　　　　　图 4-2　　　　　　　　　　图 4-3

步骤 04　　点击已经添加的文字，调整其位置，使其位于屏幕左下方，如图4-4所示。再次添加文字"三一五国道"，调整其位置，使其位于屏幕右下角，如图4-5所示。

图 4-4　　　　　　　　　　图 4-5

步骤 05 点击二级工具栏中的"新建文本"按钮 A+，在第一段视频素材与第二段视频素材过渡处添加文字"下一站"，并调整其位置，如图 4-6 所示。

步骤 06 为每一段视频素材添加相应的视频素材名，并调整文字位置，如图 4-7 所示。

图 4-6　　　　　　　　图 4-7

步骤 07 将时间线拖曳至第一段视频素材开头处，点击底部工具栏中的"音频"按钮 d 后，再点击二级工具栏中的"音乐"按钮 ，在搜索栏中搜索名为"Rainy Road"的音乐素材并下载使用，如图 4-8 所示。选中添加的音乐素材，点击"节拍"按钮 ，开启自动踩点功能，选择"踩节拍Ⅱ"，如图 4-9 所示。

图 4-8　　　　　　　　图 4-9

步骤 08 在轨道区域拖曳文字两侧的滑块，调整文字时长，使其匹配视频素材的画面表现，如图 4-10 所示；继续调整文字时长，使其与音乐素材的节拍相匹配，从而获得更好的画面效果，如图 4-11 所示。

图 4-10　　　　　　　　图 4-11

用户在添加文字的时候，除了可以改变字体、时长以外，还可以为文字添加动画效果，也可以使用跟踪效果使文字跟踪视频画面中的移动物体，让文字和视频画面配合达到更好的展示效果。

4.2　文字模板 键盘轴体评测

用户除了可以自己设置文字，还可以使用剪映App中提供的各种文字模板，一键添加精美文字。

步骤01 点击"开始创作"按钮，在剪映App中导入名为"键盘轴体评测"的视频素材，如图4-12所示。

步骤02 点击底部工具栏中的"文本"按钮 T 后，再点击二级工具栏中的"文字模板"按钮 ，如图4-13所示。在"文字模板"分类下选择"科技感"选项，并为视频素材添加如图4-14所示的文字模板。

图4-12　　　　　　　　　图4-13　　　　　　　　　图4-14

步骤03 编辑文本内容，点击输入框后的"切换"按钮，如图4-15所示，将文本内容改为"评测"。同样的，将文本内容改为"-主流轴体区别在哪儿？-想要的键盘手感？-不同轴体的价格？！"，更改后的效果如图4-16所示。

图4-15　　　　　　　　　图4-16

步骤 04 调整文字时长，使其与视频素材的时长一致，如图4-17所示，点击"确认"按钮，保存已经设置好的文字效果。

步骤 05 为了让视频画面效果更好，用户还可以为视频素材添加背景音乐。点击底部工具栏中的"音频"按钮🎵后，点击二级工具栏中的"音乐"按钮🎵，在搜索栏中搜索名为"夏日畅泳"的音乐素材，如图4-18所示。添加音乐素材之后将多余的音乐素材删除，如图4-19所示。

图4-17

图4-18

图4-19

■ **提示**

　　文字模板非常多，可以用在不同的视频场景中，例如运用在带货、综艺、旅行、运动等视频场景中。

4.3　识别字幕 夏日短诗

　　若用户手动为带有语音的视频素材添加文字，就会花费太多时间。用户可以使用剪映App的识别字幕功能实现语音转文字，从而快速为视频素材添加字幕。

步骤 01 点击"开始创作"按钮，在剪映App中导入名为"夏日短诗"的视频素材，如图4-20所示。

步骤 02 点击底部工具栏中的"文本"按钮，接着点击二级工具栏中的"识别字幕"按钮📝，如图4-21所示；点击后出现的界面如图4-22所示；再点击"开始匹配"按钮，为视频一键添加字幕，添加后的效果如图4-23所示。

步骤 03 选中第一条字幕，点击"批量编辑"按钮📝，再点击"选择"按钮，如图4-24所示。点击"全选"单选框后，再点击"编辑样式"按钮Aa，如图4-25所示。

图4-20

图 4-21   图 4-22   图 4-23

图 4-24   图 4-25

步骤 04   选择"字体"选项，在"手写"分类下选择"目光体"，如图 4-26 所示。选择"样式"选项，拖曳"字号"后的滑块，调整字幕的字号大小为 15，如图 4-27 所示。

步骤 05   调整字幕位置，预览效果如图 4-28 所示。

图 4-26   图 4-27   图 4-28

4.4 识别歌词 舒缓治愈 MV

剪映App不仅可以识别字幕，还可以识别歌词，用户可以借助这个功能非常轻松地制作出MV效果。

步骤 01 点击"开始创作"按钮，在剪映App的素材库中的"空镜"分类中选择"花"分类，选择视频素材，如图4-29所示，将其添加至视频轨道中，如图4-30所示。

图4-29   图4-30

步骤 02 点击底部工具栏中的"剪辑"按钮⊠后，接着点击二级工具栏中的"变速"按钮⊘，再点击"常规变速"按钮⊿，将播放速度调整为0.7×，如图4-31所示。点击"音频"按钮♪后，接着点击"音乐"按钮◎，在搜索栏中搜索名为"人间惊鸿客"的音乐素材，下载使用将其添加至轨道中，如图4-32所示。

步骤 03 滑动底部工具栏，点击底部工具栏中的"文本"按钮Ⓣ后，再点击二级工具栏中的"识别歌词"按钮◙，如图4-33所示。点击"开始匹配"按钮，即可自动识别歌词，自动为视频素材添加歌词字幕，添加后的效果如图4-34所示。

图4-31   图4-32   图4-33   图4-34

步骤 04 选中第一段字幕，点击"批量编辑"按钮，再点击"选择"按钮，接着点击"全选"单选框，接着点击"编辑样式"按钮，如图4-35所示。选择"样式"选项，调整字幕的字号大小、透明度和样式，使其与视频画面更贴合，如图4-36所示。

■ 提示

识别字幕与识别歌词都是通过算法实现的功能，可能会出现识别的内容与实际内容不符合的情况，因此在识别之后也需要再人工校对一遍。

图4-35　　　　　图4-36

4.5 文字飞入 春节日常

用户除了可以为视频素材添加文字，还可以为文字添加动画效果，增添视频画面的趣味感。本节将以"文字飞入"的入场动画效果为例，来演示如何给文字添加动画效果。

步骤 01 点击"开始创作"按钮，在剪映App中导入名为"春节日常"的视频素材和名为"欢度春节"的音频素材，如图4-37所示。

步骤 02 点击底部工具栏中的"文本"按钮，再点击二级工具栏中的"新建文本"按钮，在视频素材开头处添加内容为"新春快乐"的文字，如图4-38所示。

步骤 03 选中"新春快乐"这段文字，点击"编辑"按钮，在"字体"分类下选择"复古"样式，调整字体为"峰骨体"，调整字号为20，如图4-39所示。

图4-37　　　　　图4-38　　　　　图4-39

步骤 04 　选中"新春快乐"这段文字，点击"复制"按钮 🔲，如图4-40所示，即可复制选中的文字至文本轨道中，如图4-41所示。

图 4-40　　　　　　　　　　　　　图 4-41

步骤 05 　拖曳复制好的文字至轨道靠后的位置，如图4-42所示。选中该段文字，点击"编辑"按钮，将文字更改为"写春联"，如图4-43所示。

图 4-42　　　　　　　　　　　　　图 4-43

步骤 06 　将文字复制3次，分别更改文本内容为"贴福字""挂灯笼""放鞭炮"，根据视频画面内容，将文字调整至合适的位置，如图4-44所示。同时为每段文字添加名为"文字飞入"的入场动画效果，使文字更加贴合视频画面。

步骤 07 　删除音频素材开头处的空白片段和视频素材末尾的多余片段，删除后的效果如图4-45和图4-46所示。

图 4-44　　　　　　　　　　图 4-45　　　　　　　　　　图 4-46

4.6　文字消散 毕业纪念短片

本案例主要介绍文字消散效果的制作方法，通过运用动画效果和混合模式，结合粒子消散效果视频素材，打造浪漫的文字随风消散的效果。

步骤 01　点击"开始创作"按钮，在剪映App中导入名为"毕业纪念短片"和"粒子消散"的视频素材，如图4-47所示。

步骤 02　点击底部工具栏中的"文本"按钮▣，点击二级工具栏中的"新建文本"按钮▣，添加文本内容"我们毕业啦！"，如图4-48所示。点击"字体"选项，在"手写"分类下选中"软糖奶熊"字体，如图4-49所示。

图4-47　　　　　　　　　图4-48　　　　　　　　　图4-49

步骤 03　选中名为"粒子消散"的视频素材，拖曳该视频素材至开头处，如图4-50所示。点击二级工具栏中的"切画中画"按钮后，调整该视频素材至下方轨道，如图4-51所示。

图4-50　　　　　　　　　　　　　　图4-51

步骤 04 选择画中画轨道，适当调整其持续时长，点击二级工具栏中的"混合模式"按钮▣，选择"滤色"效果，如图4-52所示。适当调整文本和画中画轨道视频素材的位置，使其更贴合视频画面，如图4-53所示。

图 4-52　　　　　　　　　图 4-53

步骤 05 点击底部工具栏中的"文本"按钮Ⓣ，选中已经添加的文字，为其添加出场动画效果。点击二级工具栏中的"动画"按钮⊙，如图4-54所示，选择"出场"选项，为文字添加名为"打字机Ⅱ"的出场动画效果，拖曳底部滑块，调整动画持续时长，使其更贴合视频画面，如图4-55所示。

图 4-54　　　　　　　　　图 4-55

步骤 06 点击"播放"按钮▷，预览视频，查看文字消散效果，如图4-56和图4-57所示。

图 4-56　　　　　　　　　图 4-57

4.7 打字机动画效果 可爱萌宠视频

剪映App中的多种打字机动画效果是结合键盘声效使文字呈现自动打字的效果，可以广泛运用在多个场景中，使视频画面更加生动，富有趣味。

步骤 01 点击"开始创作"按钮，在剪映App导入名为"可爱萌宠"的视频素材，如图4-58所示。

步骤 02 选中视频素材，点击二级工具栏中的"定格"按钮，选中定格片段，点击"不透明度"按钮，拖曳滑块，将该片段的不透明度调整为0，如图4-59所示。

步骤 03 点击底部工具栏中的"文本"按钮，再点击二级工具栏中的"新建文本"按钮，添加文字"警告！前方高萌预警！"，如图4-60所示。

图4-58   图4-59   图4-60

步骤 04 选中添加好的文字，点击二级工具栏中的"编辑"按钮，更改文本样式，使其更加贴合视频画面，如图4-61所示。

步骤 05 再次选中文字，点击二级工具栏中的"动画"按钮，选择"入场"选项，为文字添加名为"打字机Ⅰ"的入场动画效果，拖曳底部滑块，调整动画时长，如图4-62所示。

图4-61   图4-62

步骤 06 点击底部工具栏中的"音频"按钮🎵，再点击二级工具栏中的"音效"按钮🔊，接着选择"机械"选项，选择"机械键盘打字短音频"，将其添加至音频轨道中，如图 4-63 和图 4-64 所示。

图 4-63

图 4-64

提示

制作打字机动画效果的关键在于让打字机音效与文字出现的时机相匹配，所以在添加音效之后，需要反复试听，适当调整动画时长。

第 5 章

添加音频：声画结合更具感染力

在视频内容中，音频是一个非常重要的内容元素。在一段视频内容中，好的背景音乐或者语音旁白不仅可以烘托视频主题，还可以渲染情绪，引起观众共鸣。剪映App中的音频处理功能可以帮助用户简单快捷的导入音频素材，也支持用户对音频素材进行剪辑、淡化、变声和变速等处理。

5.1　添加背景音乐 小猫咪咪

剪映App中有丰富的背景音乐，其风格多样，用户可以非常轻松地用其为视频素材添加想要的背景音乐，使视频画面更具张力。

步骤 01　点击"开始创作"按钮，在剪映App中导入名为"小猫咪咪"的视频素材，如图5-1所示。

步骤 02　点击底部工具栏中的"音频"按钮🎵，再点击二级工具栏中的"音乐"按钮⏻，操作后的界面如图5-2所示。

步骤 03　在屏幕上方搜索栏中搜索名为"小猫饿了"的音乐，如图 5-3 所示。将其添加至音频轨道中，如图5-4所示。

图5-1　　　　　　　图5-2　　　　　　　图5-3　　　　　　　图5-4

步骤 04　调整视频时长，分割后删除多余的音频素材，使音频素材时长与视频素材时长一致，如图5-5所示。

图5-5

🔳 **提示**

剪映App中不仅可以添加背景音乐，还可以添加音效，使视频画面更加生动有趣。剪映App也支持将用户已经下载好的音乐素材添加至音频轨道中，非常便捷。

5.2　添加音效 春日鸟鸣

剪映App为用户提供了丰富的音效，不仅有日常生活中的各种电子音效，也有自然环境中的各种音效，其中包含一些热门的音效，用户借助音效可以使视频画面呈现出更好的效果。

步骤 01　点击"开始创作"按钮，在剪映App中导入名为"春日鸟鸣"的视频素材，如图5-6所示。

步骤 02　点击底部工具栏中的"音频"按钮🎵，再点击二级工具栏中的"音效"按钮📢，接着选择"动物"选项，选择如图5-7所示的音效素材，将其添加至音频轨道中，如图5-8所示。

图5-6

图5-7

图5-8

步骤 03　调整视频素材时长，分割后删除多余的音效素材，使音效素材时长与视频素材时长一致，如图5-9所示。

图5-9

5.3　抖音收藏 钢琴演奏

剪映App和抖音App都是同一个账号登录的，用户在抖音App中听到喜欢的音乐时，可以将其收藏起来，然后在剪映App中用其制作视频。

步骤 01　打开抖音App进入视频播放界面，点击屏幕右下角旋转的如CD光盘一样的按钮，如图5-10所示。

步骤 02 进入"拍同款"界面，点击"收藏音乐"按钮，即可收藏该背景音乐，如图 5-11 和图 5-12 所示。

图 5-10　　　　　　图 5-11　　　　　　图 5-12

步骤 03 打开剪映 App，登录抖音账号，导入名为"钢琴演奏"的视频素材，如图 5-13 所示。

步骤 04 点击底部工具栏中的"音频"按钮 🎵，再选择二级工具栏中的"抖音收藏"选项，即可看见已经收藏的音乐，选择相应的背景音乐，如图 5-14 所示。

■■ **提示**

想要删除已经收藏的抖音音乐，只需要在抖音 App 中取消收藏该音乐。

图 5-13　　　　　　图 5-14

步骤 05 下载使用所选的音乐，将其添加至音频轨道中，如图 5-15 所示。

步骤 06 根据视频画面和音频波形，对轨道中的素材进行适当的调整，删除多余的素材，使两段素材的时长保持一致，如图 5-16 所示。

图 5-15　　　　　　图 5-16

5.4 提取音乐 温馨时光

用户在看视频时听到一些好听的背景音乐，并想将其保存作为其他视频的背景音乐时，可以通过剪映App的"提取音频"功能，轻松将背景音乐应用至其他视频中。

步骤01 点击"开始创作"按钮，在剪映App中导入名为"温馨时光"的视频素材，如图5-17所示。

步骤02 点击底部工具栏中的"音频"按钮🎵，再点击二级工具栏中的"提取音乐"按钮，如图5-18所示，选择想要提取音乐的视频素材，如图5-19所示。

图5-17   图5-18   图5-19

步骤03 点击屏幕下方的"仅导入视频的声音"按钮，即可将提取的音乐添加至音频轨道，如图5-20所示。

步骤04 调整视频素材与音频素材，使二者的持续时长保持一致，如图5-21所示。

图5-20   图5-21

步骤05 点击"播放"按钮▷，预览制作好的视频效果。

5.5 链接下载 午后时光

用户除了可以使用收藏的抖音App中的背景音乐，也可以通过分享视频链接，借助剪映App中的"链接下载"功能下载背景音乐，将其运用至视频剪辑中。

步骤 01 点击"开始创作"按钮，在剪映App中导入名为"午后时光"的视频素材，如图5-22所示。

步骤 02 点击底部工具栏中的"音频"按钮♪，再点击二级工具栏中的"音乐"按钮⏱，接着选择"导入音乐"选项，如图5-23所示。

步骤 03 点击"链接下载"按钮🔗，在文本框中粘贴已经复制好的视频链接，点击"下载"按钮■，即可开始下载背景音乐，如图5-24所示。点击"使用"按钮，将下载好的背景音乐导入音频轨道中，如图5-25所示。

图5-22   图5-23   图5-24   图5-25

步骤 04 对视频素材和音频素材进行适当的调整，分割后删除多余的视频素材和音频素材，使视频素材时长同音频素材时长保持一致，如图5-26所示。

步骤 05 点击"播放"按钮▷，预览制作好的视频效果。

图5-26

5.6　音量调节 乡村风光

　　若用户制作视频时使用了含有语音的视频素材，在为视频素材添加背景音乐时，可能会出现背景音乐声音过大遮盖语音的情况。这时可以调节背景音乐的音量，使视频素材表现更好。

　　步骤 01　点击"开始创作"按钮，在剪映App中导入名为"乡村风光"的视频素材，如图5-27所示。

　　步骤 02　选中已经导入的视频素材，点击二级工具栏中的"音量"按钮，拖曳滑块调节视频素材音量，如图5-28所示。

　　步骤 03　点击底部工具栏中的"文本"按钮，再点击二级工具栏中的"新建文本"按钮，添加内容为"这是我的家乡"的字幕，并对字幕进行适当调整，使其更贴合视频画面，如图5-29所示。

　　步骤 04　选中已经添加的字幕，点击二级工具栏中的"文本朗读"按钮，选择适合视频画面的音色，调整后如图5-30所示。

图 5-27　　　　　　　图 5-28　　　　　　　图 5-29　　　　　　　图 5-30

　　步骤 05　选中视频素材，点击二级工具栏中的"音频分离"按钮，如图5-31所示，分离音频后如图5-32所示。

图 5-31　　　　　　　　　　　　　　图 5-32

步骤06 将时间线拖曳至视频开头处，选中"视频原声1"音频素材，点击"添加关键帧"按钮，在音频轨道中添加一个关键帧，如图5-33所示。

步骤07 拖曳时间线至字幕语音素材开头处，点击"添加关键帧"按钮◇，在音频轨道中添加一个关键帧，选中添加好的关键帧，并点击二级工具栏中的"音量"按钮◁，拖曳滑块，对音频素材的音量进行调整，适当调整音量，如图5-34所示。

图5-33

图5-34

步骤08 将时间线拖曳至字幕语音素材结尾处，点击"添加关键帧"按钮◇，如图5-35所示。将时间线向右拖曳，点击"添加关键帧"按钮◇，点击二级工具栏中的"音量"按钮◁，拖曳滑块，对音频素材的音量进行调整，适当调整音量，如图5-36所示。

图5-35

图5-36

步骤09 点击"播放"按钮▷，预览视频效果。可以听到音频素材的音量在字幕语音部分明显变小了，字幕语音更加突出。

5.7 音频变声 电子颤音

剪映App不仅可以剪辑视频，还可以对声音进行处理，使视频画面表现得更加生动有趣。

步骤 01 点击"开始创作"按钮，在剪映App的素材库中搜索"我太难了"，选择如图5-37所示的视频素材，将其添加至视频轨道中，如图5-38所示。

图5-37   图5-38

步骤 02 选中视频素材，点击二级工具栏中的"音频分离"按钮，将视频素材的原声分离出来，分离后如图5-39所示。

步骤 03 点击"变声"按钮，再选择"合成器"选项，选择"颤音"效果，并适当调整其强度，使效果更明显，如图5-40所示。

图5-39   图5-40

步骤 04 点击"播放"按钮，预览制作好的视频效果。

■ 提示

剪映App中的变声功能不仅可以制作"颤音"效果，也可以制作"萝莉""大叔""机器人"等效果。

5.8 淡化效果 夏日短片

对音频素材设置淡化效果，可以使视频的背景音乐过渡更加自然，为观众带来更舒适自然的视听体验。

步骤 01 点击"开始创作"按钮，在剪映App的素材库中搜索"夏天"，选择如图5-41所示的视频素材，将其导入视频轨道中，如图5-42所示。

图5-41   图5-42

步骤 02 选中视频素材，点击"音频分离"按钮，将视频原声与视频画面分离，如图5-43所示。选中已经分离的视频原声，点击"音量"按钮，拖曳滑块，适当调整音量，如图5-44所示。

图5-43   图5-44

步骤 03 选中"视频原声1"，点击"淡化"按钮，如图5-45所示。根据视频画面表现对音频轨道上的"视频原声1"进行淡入淡出时长的调整，将"淡入时长"调整为1.0s，"淡出时长"调整为1.0s，如图5-46所示。可以看到调整后的音频轨道出现了变化，如图5-47所示。

图 5-45　　　　　　　　　　　图 5-46　　　　　　　　　　图 5-47

步骤 04　　点击"播放"按钮▷，预览制作好的视频效果。

第 6 章

相册效果：将照片做成动态相册

　　动态相册主要是利用剪映 App 中的动画效果和特效让静态的照片"动"起来。本章将介绍如何运用动画效果和特效来制作动态相册，让用户轻松学会用照片制作短视频，提高用户的创作能力。

6.1 儿童相册 萌娃成长记录

用户利用剪映App中的特效功能结合其中丰富多彩的贴纸，可以轻松制作出"萌娃成长记录"的短视频效果。

步骤 01 点击"开始创作"按钮，在剪映App中导入名为"萌娃1"~"萌娃7"的图片素材，如图6-1所示。

步骤 02 对图片素材进行排序，调整图片素材位置。将时间线拖至图片素材开头处，点击底部工具栏中的"特效"按钮 ，再点击二级工具栏中的"画面特效"按钮 ，在"边框"分类下选择"白色线框"特效，如图6-2所示。调整"白色线框"特效时长，使其与图片素材时长保持一致，如图6-3所示。

| 图6-1 | 图6-2 | 图6-3 |

步骤 03 将时间线拖至图片素材开头处，点击底部工具栏中的"贴纸"按钮 ，在如图6-4所示的搜索框中输入"快乐成长"并搜索。选择如图6-5所示的贴纸，将其添加至视频轨道中，并调整贴纸时长，使其与第一段图片素材时长保持一致。

图6-4   图6-5

步骤 04 点击已经添加的贴纸，调整其位置和大小，使其更加贴合视频画面，如图6-6所示。

步骤 05 调整好之后拖曳时间线至第二段图片素材开始处，点击二级工具栏中的"添加贴纸"按钮🦋，根据图片素材内容添加合适的贴纸，并调整其位置、大小和时长，调整后如图6-7所示。

图6-6   图6-7

步骤 06 为每一段图片素材都添加合适的贴纸，并调整好贴纸的位置、大小和时长，如图6-8所示。

步骤 07 点击底部工具栏中的"音频"按钮🎵，再点击二级工具栏中的"音乐"按钮🎵，在搜索框中搜索名为"Future"的音乐，下载使用，将其添加至音频轨道中，如图6-9所示。

图6-8   图6-9

步骤 08 适当调整音乐素材时长，删除多余的音乐素材，使音乐素材时长与主轨上的视频素材时长一致，如图6-10所示。

步骤 09 完成所有操作后，点击"播放"按钮▶，预览视频效果。

图6-10

贴纸是如今许多短视频编辑类软件都具备的一项特殊功能。在视频画面上添加动画贴纸，不仅可以起到较好的遮挡作用（类似于马赛克），还能让视频画面看上去更加精致。

在剪映App的剪辑项目中添加了视频或图片素材后，在未选中任何素材的状态下，点击底部工具栏中的"贴纸"按钮🕐，可以在打开的贴纸选项栏中看到很多不同类别的贴纸素材，并且贴纸素材处于不断更新中。

6.2　婚庆相册 浪漫婚恋记录

使用剪映App混合模式下的滤色效果，结合各种氛围特效，可以轻松营造浪漫氛围，制作温馨浪漫婚恋记录。

步骤01　点击"开始创作"按钮，在剪映App的素材库中搜索"粒子"，选择"类型"选项，筛选视频，将如图6-11所示的粒子特效素材添加至视频轨道中，如图6-12所示。

图6-11　　　　　　图6-12

步骤02　点击屏幕右边的"添加"按钮⊞，如图6-13所示，将名为"婚纱1"~"婚纱5"的图片素材添加至视频轨道中，如图6-14所示。

图6-13　　　　　　　　　图6-14

步骤03　选中视频轨道中的粒子特效素材，点击二级工具栏中的"切画中画"按钮✂，将其调整至下一轨道，并调整其位置，调整后如图6-15所示。

步骤04　选中调整好的粒子特效素材，点击二级工具栏中的"变速"按钮⊘，再点击三级工具栏中的"常规变速"按钮⤢，将红色的圆环滑块拖至"0.3x"的位置，如图6-16所示。

图6-15   图6-16

步骤 05 点击底部工具栏中的"音频"按钮ᗡ，再点击二级工具栏中的"音乐"按钮，在搜索框中搜索名为"心动决定"的音乐，选择对应的音乐，如图6-17所示，下载使用，将其添加至音频轨道，如图6-18所示。

图6-17   图6-18

步骤 06 选中已经添加的音乐素材，点击二级工具栏中的"节拍"按钮，开启"自动踩点"功能，选择"踩节拍Ⅱ"，如图6-19所示，保存后的效果如图6-20所示。

图6-19   图6-20

步骤 07 选中素材，根据音频节拍调整素材时长，如图6-21所示，调整后的效果如图6-22所示。

图 6-21 图 6-22

步骤 08 选中画中画轨道上的粒子效果视频素材，点击二级工具栏中的"混合模式"按钮📭，如图6-23所示，选择"滤色"效果，并拖曳滑块，调整滤镜强度至最高值，如图6-24所示。

图 6-23 图 6-24

步骤 09 点击底部工具栏中的"比例"按钮▣，将画面比例调整为"9：16"，如图6-25所示。选中画中画轨道上的粒子特效素材，并用双指缩放，使粒子特效素材画面大小与图片素材画面大小保持一致，如图6-26所示。

图 6-25 图 6-26

步骤 10　点击底部工具栏中的"特效"按钮，再点击"画面特效"按钮，在"爱心"分类下选择名为"少女心事"的画面特效，如图 6-27 所示，将其添加至视频轨道，并调整时长，使其与视频时长保持一致，如图 6-28 所示。

图 6-27　　　　　　　　　　　　图 6-28

步骤 11　点击"画面特效"按钮，在"爱心"分类下选择名为"爱心光斑"的画面特效，如图 6-29 所示，将其添加至视频轨道，并调整时长，使其与视频时长保持一致，如图 6-30 所示。

图 6-29　　　　　　　　　　　　图 6-30

步骤 12　选中画中画轨道上的粒子特效素材，将时间线拖至视频画面末尾处，删除多余的粒子特效素材，如图 6-31 所示。

步骤 13　完成所有操作后，点击"播放"按钮，预览视频效果。

■ **提示**

在剪映 App 中，根据个人喜好和视频制作需要进行适当的特效叠加，可以获得更好的视频效果。

图 6-31

6.3 个人写真 圣诞梦幻少女

用户不仅可以用剪映App制作各种各样的相册，也可以借助剪映App制作精美的个人写真。

步骤 01 点击"开始创作"按钮，在剪映App中导入名为"圣诞少女1"~"圣诞少女6"的图片素材，如图6-32所示。

步骤 02 点击底部工具栏中的"音频"按钮♪，再点击二级工具栏中的"音乐"按钮◎，在搜索框中搜索名为"圣诞歌"的音乐，如图6-33所示，下载使用，将其添加至音频轨道中，如图6-34所示。

图6-32

图6-33

图6-34

步骤 03 选中已经添加的音乐素材，点击二级工具栏中的"节拍"按钮☲，开启"自动踩点"功能，选择"踩节拍Ⅱ"，如图6-35所示，保存后如图6-36所示。

步骤 04 选择图片素材，依次调整时长，使每段图片素材的时长为5.2s，如图6-37所示。将时间线拖至最后一段图片素材结尾处，选中音乐素材，删除多余部分，使其时长与视频素材时长保持一致，如图6-38所示。

图6-35

图6-36

图6-37

图6-38

步骤 05 点击底部工具栏中的"比例"按钮▣，将视频画面比例调整为"9:16"，如图6-39所示。保存后点击底部工具栏中的"背景"按钮▨，再点击"画布模糊"按钮◐，选择第三种样式，并点击屏幕左下角的"全局应用"按钮，如图6-40所示。

图6-39 图6-40

步骤 06 保存视频后点击底部工具栏中的"特效"按钮▨，再点击"画面特效"按钮▣，在"氛围"分类下选择名为"光斑飘落"的画面特效，如图6-41所示，将其添加至视频轨道，并调整时长，使其与视频时长保持一致，如图6-42所示。

图6-41 图6-42

步骤 07 返回底部工具栏中的"特效"界面，再次点击"画面特效"按钮▣，在"氛围"分类下选择名为"萤光飞舞"的画面特效，如图6-43所示，将其添加至视频轨道，并调整其时长，使其与视频时长保持一致，如图6-44所示。

图6-43 图6-44

步骤 08　选中第一段图片素材，点击二级工具栏中的"动画"按钮，在"组合动画"分类下选择"降落旋转"动画效果，如图6-45所示，将其添加至视频轨道，并将动画效果时长调整为与图片素材时长一致。为后面的每一段图片素材都添加"降落旋转"动画效果，如图6-46所示。

步骤 09　完成所有操作后，点击"播放"按钮，预览视频效果。

图6-45　　　　　　　　　　图6-46

提示

根据视频素材内容选择合适的背景样式，再加上炫目的特效，能够打造不一样的视频画面，制作多种视频画面效果。

6.4　光影相册 时尚复古穿搭

剪映App中提供了多种特效，其中光影特效尤为逼真。运用光影特效可以为图片素材制造立体感，使画面中的人物更加丰满。

步骤 01　点击"开始创作"按钮，在剪映App中导入名为"国潮穿搭1"~"国潮穿搭6"的图片素材，如图6-47所示。

步骤 02　点击底部工具栏中的"音频"按钮，再点击二级工具栏中的"音乐"按钮，在搜索框中搜索名为"0321"的音乐，选择相应的音乐，如图6-48所示，下载使用，将其添加至音频轨道中，如图6-49所示。

图6-47

图6-48　　　　　　　　　図6-49

步骤 03　选中添加好的音乐素材，点击"节拍"按钮，开启"自动踩点"功能，选择"踩节拍Ⅱ"，如图6-50所示，保存后如图6-51所示。

图 6-50　　　　　　　　图 6-51

步骤 04　　选中轨道上的图片素材，将每一段图片素材的时长调整为 5.6s，如图 6-52 所示。

步骤 05　　选中第一段图片素材，点击二级工具栏中的"动画"按钮，为选中的图片素材添加名为"渐显"的入场动画效果，如图 6-53 所示，保存后为剩余的每一段图片素材都添加该效果。

图 6-52　　　　　　　　图 6-53

步骤 06　　点击底部工具栏中的"特效"按钮，再点击二级工具栏中的"画面特效"按钮，在"投影"分类下选择名为"爱"的画面特效，如图 6-54 所示，将其添加至视频轨道中，调整特效时长，使其与第一段图片素材时长保持一致，如图 6-55 所示。

图 6-54　　　　　　　　图 6-55

步骤 07 点击二级工具栏中的"画面特效"按钮 🔲，在"光"和"投影"分类下，为每一段图片素材添加合适的画面特效，并调整特效持续时长和位置，调整之后如图 6-56 所示。

步骤 08 将时间线拖至第一段图片素材开始处，点击底部工具栏中的"音频"按钮 🎵，再点击二级工具栏中的"音效"按钮 🔊，在"机械"分类下选择如图 6-57 所示音效，下载使用，将该音效添加至每段图片素材开始处，如图 6-58 所示。

图 6-56　　　　　　　　　　图 6-57　　　　　　　　　　图 6-58

步骤 09 完成所有操作后，点击"播放"按钮 ▶，预览视频效果。

6.5 翻页相册 夏日露营记录

本案例通过使用剪映App中的画面特效和转场效果制作好看的翻页相册；再结合翻页音效，使翻页相册变得更加生动。

步骤 01 点击"开始创作"按钮，在剪映App中导入名为"夏日露营记录1"~"夏日露营记录6"的图片素材，如图 6-59 所示。

图 6-59

步骤 02 点击底部工具栏中的"音频"按钮 🎵，再点击二级工具栏中的"音乐"按钮 ⏱，在搜索框中搜索名为"旅途"的音乐，选择图 6-60 所示的音乐，将其添加至音频轨道中，如图 6-61 所示。

图 6-60　　　　　　　　　　图 6-61

步骤 03 选中已经添加的音乐素材，点击二级工具栏中的"节拍"按钮 🔲，开启"自动踩点"功能，选择"踩节拍Ⅱ"，如图 6-62 所示，完成自动踩点之后的效果如图 6-63 所示。

图 6-62

图 6-63

步骤 04 选择已经添加的素材，将每一段素材的时长调整为 3.8s 左右，并使其对齐节拍点，如图 6-64 所示。

步骤 05 选择已经添加好的音乐素材，将时间线拖至音乐素材结尾处，删除多余的音乐素材，如图 6-65 所示。

图 6-64

图 6-65

步骤 06 点击底部工具栏中的"特效"按钮，再点击二级工具栏中的"画面特效"按钮，在"边框"分类下选择名为"白色线框"的画面特效，如图 6-66 所示，将其添加至视频轨道中并调整持续时长至与素材时长一致，如图 6-67 所示。

图 6-66

图 6-67

步骤 07 点击素材衔接处的白色方块，如图6-68所示。在"幻灯片"分类下选择"翻页"效果，将转场效果时长调整为1.8s，并点击屏幕左下角的"全局应用"按钮⊟，如图6-69所示。

图6-68   图6-69

步骤 08 保存后将时间线拖至素材开始处，点击底部工具栏中的"贴纸"按钮⊙，在"线条风"分类下为每一段素材添加合适的贴纸，并调整其位置与大小，效果如图6-70所示。同时调整每一段贴纸素材的时长，使贴纸素材与转场效果错开，如图6-71所示。

图6-70   图6-71

步骤 09 点击底部工具栏中的"音频"按钮♪，然后点击二级工具栏中的"音效"按钮☆，在搜索框中搜索"翻页"，选择图6-72所示的音效，将其添加至每一个转场效果处，如图6-73所示。

图6-72   图6-73

步骤 10 完成所有操作后，点击"播放"按钮▷，预览视频效果。

6.6 滚屏影集 毕业纪念相册

剪映App中的转场效果结合边框特效和文字模板等功能，可以制作出好看的滚屏影集视频效果。

步骤 01 点击"开始创作"按钮，在剪映App中导入名为"毕业纪念相册1"~"毕业纪念相册6"的图片素材，如图6-74所示。

步骤 02 选中第一段图片素材，将其持续时长调整为5.5s，并将后面的每一段图片素材时长都调整为5.5s，如图6-75所示。

图 6-74　　　　　　　　　　　图 6-75

步骤 03 点击底部工具栏中的"特效"按钮，再点击二级工具栏中的"画面特效"按钮，在"边框"分类下选择名为"画展边框"的特效，如图6-76所示，将其添加至视频轨道上，并调整其时长至与视频素材时长保持一致，如图6-77所示。

图 6-76　　　　　　　　　　图 6-77

步骤 04 点击底部工具栏中的"音频"按钮，然后点击二级工具栏中的"音乐"按钮，在搜索框中搜索名为"回到夏天"的音乐，选择图6-78所示的音乐，将其添加至音频轨道中，如图6-79所示。

图 6-78　　　　　　　　　　图 6-79

步骤05 点击图片素材之间衔接处的白色小方块，如图6-80所示。在"幻灯片"分类下选择"左移"转场效果，拖曳滑块调整持续时长为2.7s，并点击屏幕左下角的"全局应用"按钮🔘，如图6-81所示。

图6-80   图6-81

步骤06 保存后将时间线拖至素材开始处，点击底部工具栏中的"文本"按钮🅣，再点击二级工具栏中的"新建文本"按钮🅐₊，在"文字模板"分类下找到合适的文字模板，如图6-82所示，并将文本内容更改为"毕业纪念"，如图6-83所示。

图6-82   图6-83

步骤07 调整文本时长，使其与转场动画错开，如图6-84所示。

步骤08 选中已经添加的音乐素材，删除素材开始处的空白片段和结尾处的多余片段，使其时长与视频素材时长保持一致，如图6-85所示。

图6-84   图6-85

步骤 09 完成所有操作后，点击"播放"按钮▷，预览视频效果。

6.7 创意九宫格 朋友圈官宣

本案例主要使用剪映App中的混合模式功能和特效功能制作别具一格的朋友圈九宫格动态写真视频效果。

步骤 01 在微信朋友圈输入文案"最爱的人在身边"，添加九张纯黑色的图片，截图保存，保存后如图6-86所示。

步骤 02 打开剪映App，点击"开始创作"按钮，将保存好的截图添加至视频轨道中，如图6-87所示。

图6-86   图6-87

步骤 03 点击屏幕右边的"添加"按钮⊞，如图6-88所示，将名为"情侣5"的图片素材添加至视频轨道上，如图6-89所示。

图6-88   图6-89

步骤 04 选择添加好的图片素材，点击二级工具栏中的"切画中画"按钮，将图片素材切换至画中画轨道，如图6-90所示。

步骤 05 选中位于画中画轨道上的图片素材，点击二级工具栏中的"编辑"按钮，再点击三级工具栏中的"裁剪"按钮，将画面比例更改为"1:1"，并对画面进行适当调整，如图 6-91 所示。

步骤 06 保存后调整图片素材的大小和位置，使其与主轨上的黑色九宫格图片素材的大小和位置相匹配，如图 6-92 所示。

步骤 07 点击二级工具栏中的"混合模式"按钮，选择"滤色"效果，并将下方的红色圆形滑块拖至最右侧，如图 6-93 所示。

图 6-90   图 6-91   图 6-92   图 6-93

步骤 08 保存后选中画中画轨道上的图片素材，点击二级工具栏中的"动画"按钮，添加"渐显"入场动画效果，拖曳滑块，将入场动画时长调整为 3.0s，如图 6-94 所示。

步骤 09 将时间线拖至视频开始处，点击底部工具栏中的"音频"按钮，再点击二级工具栏中的"音乐"按钮，在搜索框中搜索"U ARE"，选择图 6-95 所示的音乐，将其添加至音频轨道。

图 6-94   图 6-95

步骤 10 选中已经添加的音乐素材，点击二级工具栏中的"节拍"按钮，开启"自动踩点"功能，选择"踩节拍 Ⅱ"，如图 6-96 所示，保存后如图 6-97 所示。

图 6-96   图 6-97

步骤 11 点击屏幕右边的"添加"按钮⊞，将名为"情侣1"~"情侣4""情侣6"~"情侣9"的图片素材添加至视频轨道中，并调整好图片素材顺序，如图 6-98 所示。

步骤 12 点击底部工具栏中的"背景"按钮▦，选择已经添加好的图片素材，如图 6-99 所示。

图 6-98   图 6-99

步骤 13 根据已经添加的音乐素材，调整图片素材时长，使图片素材总时长与音乐素材时长大致一致，如图 6-100 所示。

步骤 14 点击底部工具栏中的"背景"按钮▦，选择九宫格素材后的图片素材，点击二级工具栏中的"画布模糊"按钮◌，为图片素材添加如图所示的画布模糊样式，并点击屏幕左下角的"全局应用"按钮▤，如图 6-101 所示。

步骤 15 完成所有操作后，点击"播放"按钮▷，预览视频效果。

图 6-100   图 6-101

▰ 提示

如果用户想要追求更好的视频效果，可以在九宫格中添加九段不同的视频素材，再根据音乐节拍调整视频素材的出现顺序，制作出更酷炫的视频效果。

95

第6章 相册效果：将照片做成动态相册

第 7 章

综合案例:
周末出游 Vlog

Vlog是当下很火的一种视频形式,即用视频记录日常生活。
用户通过应用剪映App中的各项功能,如文本、特效、转场等,
可制作精美的Vlog。

7.1 剪辑素材 对素材进行简单处理

视频剪辑分为粗剪和细剪，本节将为大家介绍粗剪的思路和方法。

步骤 01　点击"开始创作"按钮，在剪映 App 中导入名为"日出""落日""楼上""湖边""红叶""银杏""湖边树下""门口""佛香阁"的视频素材，如图 7-1 所示。

步骤 02　点击底部工具栏中的"音频"按钮 🎵，再点击二级工具栏中的"音乐"按钮 🎵，在搜索框中搜索"春夏秋冬"，选择图 7-2 所示的音乐，将其添加至音频轨道中，作为视频素材的背景音乐，如图 7-3 所示。

图 7-1

图 7-2

图 7-3

步骤 03　选中已经添加的音乐素材，点击二级工具栏中的"节拍"按钮 🎵，开启"自动踩点"功能，选择"踩节拍Ⅱ"，如图 7-4 所示。开启"自动踩点"功能后，会显示节拍点，便于后期视频制作，如图 7-5 所示。

图 7-4

图 7-5

步骤 04　对已经导入的视频素材进行排序，将"日出"素材调整至开始处，"落日"素材调整至结尾处，其余素材按照"门口"—"楼上"—"佛香阁"—"湖边"—"红叶"—"湖边树下"—"银杏"的顺序排列，如图 7-6 和图 7-7 所示。

图 7-6 图 7-7

步骤 05 选中名为"楼上"的视频素材，点击二级工具栏中的"变速"按钮⊘，点击"常规变速"按钮⊿，将该段视频素材的播放速度调整为"1.5×"，如图 7-8 所示。将名为"佛香阁""湖边""红叶""日落""湖边树下""银杏"的视频素材的播放速度调整为"2.0×"，调整后如图 7-9 所示。

图 7-8 图 7-9

步骤 06 选择名为"日落"的视频素材，将时间线拖至视频素材开始处，点击二级工具栏中的"定格"按钮▣，定格后如图 7-10 所示。将时间线向右拖曳一段，相隔一定时长定格出 4 个片段，并删除定格片段中间的视频素材片段，使定格画面互相衔接，如图 7-11 所示。

图 7-10 图 7-11

步骤 07 调整视频素材时长，使视频素材时长和视频过渡与音乐素材节拍相匹配，从而达到更好的视频效果。使第一段视频素材在第一个音乐节拍点处结束，并让其他视频素材在音乐节拍点上衔接，如图7-12和图7-13所示。

图 7-12

图 7-13

■ **提示**

粗剪是根据想要的视频效果，对视频素材进行一些简单的剪辑处理，从而搭建视频结构。在粗剪的过程中，不必进行细致的调整，而是要在不断的思考中形成自己的剪辑思路，从而更好地组合视频素材，并形成一条有逻辑的故事线。

7.2 添加转场 让素材过渡更加自然

接下来开始对上一节用到的视频素材进行一些较为细致的操作，即为视频素材添加不同的转场效果，这样可以使视频素材之间的过渡更为自然，还可以制作出酷炫的视频效果，使视频画面呈现出不一样的感觉。

步骤 01 点击第一段与第二段视频素材衔接处的白色小方块，如图7-14所示，进入"转场"素材库，如图7-15所示。

图 7-14

图 7-15

步骤 02 在"叠化"分类下选择"闪黑"转场效果，如图7-16所示，将其添加至视频素材衔接处，如图7-17所示，使视频素材转场过渡更加自然。

图 7-16 图 7-17

步骤 03 点击名为"门口"和"楼上"的两段视频素材衔接处的白色小方块，为两段视频素材添加热门分类下的"推近"转场效果，如图 7-18 所示，添加之后如图 7-19 所示。

图 7-18 图 7-19

步骤 04 为后面的视频素材都添加"拍摄"分类下的"复古放映"转场效果，如图 7-20 所示，定格画面除外，如图 7-21 所示。

图 7-20 图 7-21

提示

剪映中的转场效果种类丰富，不同的转场效果在视频画面中可以起到不同的作用，用户可以根据视频素材内容选择合适的转场效果。

7.3 应用特效 制作片头和片尾效果

应用剪映App中丰富的特效制作适合Vlog的片头和片尾效果，可以使视频主题更加明确，更能吸引观众。下面继续对前述视频素材进行处理。

步骤 01 将时间线拖至视频开始处，点击底部工具栏中的"特效"按钮🎇，再点击二级工具栏中的"画面特效"按钮🖼，在"基础"分类下选择"变清晰"特效，点击"调整参数"按钮，适当调整对焦速度和模糊强度，如图7-22所示。

步骤 02 调整后将该特效添加至视频轨道中，并调整特效时长，使其与第一段视频素材的时长保持一致，如图7-23所示。

图 7-22

图 7-23

步骤 03 将时间线拖至靠近视频结尾处，点击二级工具栏中的"画面特效"按钮🖼，如图7-24所示，在"基础"分类下选择"模糊"效果，如图7-25所示，将其添加至视频轨道中，如图7-26所示。

图 7-24

图 7-25

图 7-26

7.4 输出视频 添加字幕和转场音效

在视频中添加一些字幕，可以使视频画面更生动活泼，视频主题更加突出，利用字幕也可以制作出多种效果。下面继续对前述视频素材进行处理。

步骤 01 将时间线前移至第一段视频素材开始处，点击底部工具栏中的"文本"按钮【T】，再点击二级工具栏中的"新建文本"按钮【A+】，添加内容为"今天我要出去玩~"的字幕，如图7-27所示。适当调整其位置、大小、时长和字体，调整后如图7-28所示。

步骤 02 将时间线拖至第二段视频素材开始处，点击二级工具栏中的"文字模板"按钮【🔲】，在"时间地点"分类下选择合适的文字模板，调整文本内容为"09：00"，并调整其位置、大小和时长，如图7-29所示。为后面的每一段视频素材都添加该文字模板，并调整文本内容为合适的时间，调整后如图7-30所示。

图 7-27　　　　　　　图 7-28　　　　　　　图 7-29　　　　　　　图 7-30

步骤 03 将时间线移至第二段视频素材开始处，点击二级工具栏中的"文字模板"按钮【🔲】，在"简约"分类下选择合适的模板，将其添加至轨道中，并调整其位置、大小和时长，如图7-31和图7-32所示。

图 7-31　　　　　　　图 7-32

步骤 04 为后面的视频素材添加合适的文本内容作为字幕。点击二级工具栏中的"新建文本"按钮 A+，输入文本内容"在楼上看风景~"，调整字体为"温柔体"，如图7-33所示。调整字幕的位置和大小，并调整字幕时长，使其略短于视频素材时长，如图7-34所示。

图 7-33　　　　　　　　　　图 7-34

步骤 05 选中已经添加的字幕，点击三级工具栏中的"复制"按钮 回，将复制的字幕粘贴至下一段视频素材处，如图7-35所示。调整字幕文本内容和持续时长，如图7-36所示。

图 7-35　　　　　　　　　　图 7-36

步骤 06 为后面的视频素材依次添加字幕，添加后如图7-37和图7-38所示。

图 7-37　　　　　　　　　　图 7-38

103

第 7 章　综合案例：周末出游 Vlog

步骤 07 点击底部工具栏中的"音频"按钮 🎵，再点击二级工具栏中的"音效"按钮 🔊，在"手机"分类下选择如图 7-39 所示的音效，将其添加至音频轨道中，如图 7-40 所示，并适当调大音效音量。

图 7-39 图 7-40

步骤 08 选择已经添加的音效，点击三级工具栏中的"复制"按钮 ⧉，将该音效复制到每一个视频素材转场处，复制之后如图 7-41 和图 7-42 所示。

图 7-41 图 7-42

步骤 09 将时间线移至视频开始处，点击底部工具栏中的"音乐"按钮 🎵，点击二级工具栏中的"音效"按钮 🔊，在"机械"分类下选择如图 7-43 所示的音效，并将其添加至音频轨道中，如图 7-44 所示，适当调大音效音量。

图 7-43 图 7-44

步骤 10 将时间线移至视频结尾处，选中音乐素材，删除多余的音乐素材，如图7-45所示。

步骤 11 完成上述操作后，点击"播放"按钮，预览视频效果。

图 7-45

■■■ **提示**

在粗剪之后就可以对视频进行精剪了，仔细地处理每一个视频片段，只为做出更好的视频效果。精剪是不断地调整细节，完善视频结构，确立故事线，然后形成自己的风格，把握观众的情绪，从而吸引观众、留住观众。

第 8 章

调色效果：短视频
常用的调色技巧

　　在视频拍摄过程中，受拍摄设备和拍摄环境的影响，拍摄的视频原片在画面色彩呈现上可能不尽如人意。同时在视频剪辑中，也常常会发现不同段落的视频素材在色调上存在较大差异，如果不对视频素材的色调进行修正和调整，成片的整体画面就会不够和谐。

　　因此，在进行视频素材的后期处理时我仍都会对视频素材进行调色，使画面看起来和谐统一。本章主要对视频素材的调色技巧进行说明。

8.1 黑金色调 外滩建筑

黑金色调主要是通过色彩调节工具，使暖色系的色相向橙红色偏移，同时降低其他颜色的饱和度，使视频画面中只存在黑色和金色，让视频画面更具质感。

步骤 01　在剪映中导入名为"外滩建筑"的视频素材，将其添加至时间轴中，如图8-1所示。

图 8-1

步骤 02　单击"滤镜"按钮⌗，切换至"滤镜"功能区，在"黑白"选项区中选择"黑金"滤镜，将其添加至时间轴中，并适当调整滤镜素材的持续时长，使其时长与视频素材时长保持一致，如图 8-2所示。

图 8-2

步骤 03　单击"调节"按钮，切换至"调节"功能区，如图 8-3所示。

图 8-3

步骤 04　根据视频画面的实际情况，将色温、色调、阴影调整至合适的数值，使视频画面的颜色更加鲜明，具体数值参考如图8-4所示。

步骤 05 执行上述操作后预览画面效果，图 8-5 和图 8-6 为调节前后的效果对比图。

图 8-4

图 8-5

图 8-6

■ **提示**

剪映中的"调节"功能区有基础、HSL、曲线、色轮等工具，用户可以通过这些工具轻松调节视频画面色调。

8.2 森系色调 花朵盛开

森系色调是指视频画面在表现上贴近自然，给人一种素雅宁静的感觉，如在林中漫步时看见树叶间的阳光那般纯净清新。

步骤 01 在剪映中导入名为"花朵盛开"的视频素材，将其添加至时间轴，如图 8-7 所示。

图 8-7

步骤 02 单击"滤镜"按钮⚙，切换至"滤镜"功能区，在"风景"选项区中选择"京都"滤镜，将其添加至时间轴中，并适当调整滤镜素材的持续时长，使其时长与视频素材时长保持一致，如图 8-8 所示。

图 8-8

步骤 03 单击"调节"按钮，切换至"调节"功能区，如图 8-9 所示。

图 8-9

步骤 04 根据视频画面的实际情况，将色温、色调、饱和度、亮度、对比度、锐化、暗角调整到合适的数值，使视频画面表现更有渲染力、主题更加明确，如图 8-10 和图 8-11 所示。

图 8-10   图 8-11

步骤 05 执行上述操作后，预览视频画面效果，调节前后的效果对比如图 8-12 和图 8-13 所示。

图 8-12

图 8-13

第 8 章 调色效果：短视频常用的调色技巧

8.3 漫画色调 游船轮渡

本节主要通过调色，使视频画面表现出漫画的唯美治愈感（视频画面整体明亮度较高、饱和度较低），从而产生一种朦胧的感觉。

步骤 01 在剪映中导入名为"鼓浪屿"的视频素材，将其添加至时间轴，如图8-14所示。

图 8-14

步骤 02 单击"滤镜"按钮，切换至"滤镜"功能区，在"风景"选项区中选择"仲夏"滤镜，将其添加至时间轴中，并适当调整滤镜素材的持续时长，使其时长与视频素材时长保持一致，如图8-15所示。

图 8-15

步骤 03 单击"调节"按钮，切换至"调节"功能区，如图8-16所示。

图 8-16

步骤 04 根据视频画面的实际情况，将饱和度、亮度、对比度、高光、阴影、锐化调整到合适的数值，使视频画面表现更有渲染力、主题更加明确，如图 8-17和图 8-18所示。

图 8-17 图 8-18

步骤 05 执行上述操作后，预览视频画面效果，调节前后的效果对比如图 8-19和图 8-20所示。

图 8-19

图 8-20

8.4 青橙色调 夏日海滩

青橙色调作为一直流行的"网红"色调，深受广大网友的喜爱。剪映中的"青橙"滤镜可以轻松地将视频画面变为青橙色调，让视频画面有更好的表现力。

步骤 01 在剪映中导入名为"三亚"的视频素材，将其添加至时间轴，如图 8-21所示。

图 8-21

步骤 02 单击"滤镜"按钮🎨，切换至"滤镜"功能区，在"影视级"选项区中选择"青橙"滤镜，将其添加至时间轴中，并适当调整滤镜素材的持续时长，使其时长与视频素材时长保持一致，如图8-22所示。

图8-22

步骤 03 单击"调节"按钮，切换至"调节"功能区，如图8-23所示。

图8-23

步骤 04 根据视频画面的实际情况，将色温、饱和度、高光、阴影、光感和锐化调整到合适的数值，使视频画面表现更有渲染力、主题更加明确，如图8-24和图8-25所示。

图8-24　　　　　　　　图8-25

步骤 05 执行上述操作后，预览视频画面效果，调节前后的效果对比如图8-26和图8-27所示。

图8-26　　　　　　　　　　　　　　　　图8-27

8.5 色彩渐变 时间变换

剪映中的关键帧功能除了可以在视频素材和音频素材中制作各种酷炫的效果，还可以在滤镜中呈现别出心裁的视频效果。

步骤 01 在剪映中导入名为"树叶"的视频素材，将其添加至时间轴，如图8-28所示。

图 8-28

步骤 02 单击"调节"按钮，切换至"调节"功能区，如图8-29所示。

图 8-29

步骤 03 根据视频画面的实际情况，将色温、色调、饱和度、亮度、对比度、高光、阴影、光感和锐化调整到合适的数值，使视频画面表现更有渲染力、主题更加明确，如图8-30和图8-31所示。

图 8-30   图 8-31

步骤 04 单击"滤镜"按钮，切换至"滤镜"功能区，在"夜景"选项区中选择"暖黄"滤镜，将其添加至时间轴中，并适当调整滤镜素材的持续时长，使其时长与视频素材时长保持一致，如图8-32所示。

第8章 调色效果：短视频常用的调色技巧

图 8-32

步骤 05 在"复古胶片"选项区中选择"初恋"滤镜,将其添加至时间轴中,并适当调整滤镜素材的持续时长,使其时长与视频素材时长保持一致,如图 8-33 所示。

图 8-33

步骤 06 将时间线拖至视频开始的位置,选中"橙蓝"滤镜效果,单击滤镜参数后的小方块,在时间线所处位置添加关键帧,并将滤镜强度调整为 0,如图 8-34 所示。

图 8-34

步骤 07 将时间线移至12s处，点击滤镜参数后的小方块添加关键帧，并将滤镜强度调整为100，如图8-35所示。

图8-35

步骤 08 单击"音频"按钮♫，在"环境音"选项区中为视频素材添加合适的环境音并适当添加淡出效果，使视频画面表现更好，如图8-36所示。

图8-36

步骤 09 执行上述操作后，预览视频画面效果，调节前后的效果对比如图 8-37 和图 8-38所示。

图8-37

图8-38

■ **提示**

不仅在滤镜效果中可以添加关键帧来制作渐变效果，在详细的参数调节中也可以使用关键帧来制作渐变效果。

8.6 油画色调 田间漫步

本节主要通过特效和滤镜叠加来打造油画质感的视频画面，轻松营造文艺风，这也可以用在个人Vlog等诸多类型的视频中。

步骤 01 在剪映中导入名为"田野"的视频素材，将其添加至时间轴，如图8-39所示。

图 8-39

步骤 02 单击"特效"按钮，切换至"特效"功能区，在"纹理"选项区中选择"油画纹理"效果，将其添加至时间轴，并调整其时长，使其时长与视频素材时长保持一致，如图8-40所示。

图 8-40

步骤 03 选中时间轴上已经添加好的滤镜，将右侧的滤镜值调整为30，纹理值调整为55，调整后如图8-41所示。

图 8-41

步骤04 根据视频画面的实际情况，将色温、色调、饱和度、亮度、对比度、高光、阴影和光感调整到合适的数值，使视频画面表现更有渲染力、主题更加明确，如图8-42和图8-43所示。

图8-42　　　　　　　　图8-43

步骤05 单击"滤镜"按钮，切换至"滤镜"功能区，在"复古胶片"选项区中选择"德古拉"滤镜，将其添加至时间轴中，并适当调整滤镜素材的持续时长，使其时长与视频素材时长保持一致，如图8-44所示。

图8-44

步骤06 单击"特效"按钮，切换至"特效"功能区，在"光"选项区中选择"柔光"滤镜，将其添加至时间轴中，并适当调整特效素材的持续时长，使其时长与视频时长保持一致，如图8-45所示。

图8-45

提示

当使用单个滤镜无法制作出合适的视频画面时，可以通过叠加滤镜和特效来调整参数，使视频画面符合预期。

执行上述操作后，预览视频画面效果，调节前后的效果对比如图 8-46 和图 8-47所示。

图 8-46

图 8-47

8.7 港风复古色调 秋季街景

港风复古色调是通过色彩调节和滤镜结合，制作出带有泛黄旧照片的效果，其光晕柔和，饱和度高，暖色调颜色较为突出，自带一种充满回忆的复古感。

步骤 01 在剪映中导入名为"秋季街景"的视频素材，将其添加至时间轴，如图8-48所示。

图 8-48

步骤 02 单击"滤镜"按钮 ，切换至"滤镜"功能区，在"复古胶片"选项区中选择"港风"滤镜，将其添加至时间轴中，并适当调整滤镜素材的持续时长，使其长度与视频素材长度保持一致，如图8-49所示。

图 8-49

步骤 03 单击"调节"按钮，切换至"调节"功能区，如图 8-50 所示。

图 8-50

步骤 04 根据视频画面的实际情况，将色温、色调、饱和度、亮度、对比度、高光、阴影、颗粒调整到合适的数值，使视频画面表现更有渲染力、主题更加明确，如图 8-51 和图 8-52 所示。

图 8-51

图 8-52

步骤 05 执行上述操作后，预览视频画面效果，调节前后的效果对比如图 8-53 和图 8-54 所示。

图 8-53

图 8-54

8.8 克莱因蓝色调 老教学楼

克莱因蓝色调以蓝色为主，又被称为"绝对之蓝"，本案例将通过曲线调节工具来调整画面色彩，从而形成克莱因蓝色调画面。

步骤 01 在剪映中导入名为"教学楼"的视频素材，将其添加至时间轴，如图 8-55 所示。

图 8-55

步骤 02 单击"调节"按钮，切换至"调节"功能区并切换至"曲线"选项区，如图 8-56 所示。

图 8-56

步骤 03 为了让视频画面整体呈现蓝色色调，将红色通道的曲线拉至底部，减少视频画面中的红色部分，如图 8-57 所示。

图 8-57

步骤 04 调整绿色通道的曲线，使视频画面中的蓝色更加突出，如图 8-58 所示。

图 8-58

步骤 05 蓝色通道的曲线和亮度曲线在本案例中的主要的作用是调节视频画面的明亮度，故调整蓝色通道的曲线和亮度曲线为如图 8-59 和图 8-60 所示。

图 8-59

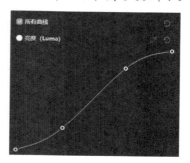

图 8-60

步骤 06 执行上述操作后，预览视频画面效果，调节前后的效果对比如图 8-61 和图 8-62 所示。

图 8-61

图 8-62

8.9 赛博朋克色调 城市夜景

赛博朋克作为近年来的热门色调，备受用户欢迎，在科技主题的视频制作中可以获得不错的视频效果。

步骤 01 在剪映中导入名为"城市夜景"的视频素材，将其添加至时间轴，如图 8-63 所示。

图 8-63

步骤 02 单击"滤镜"按钮⊞，切换至"滤镜"功能区，在"风格化"选项区中选择"赛博朋克"滤镜，将其添加至时间轴中，并适当调整滤镜素材的持续时长，使其时长与视频素材时长保持一致，如图8-64所示。

图8-64

步骤 03 单击"调节"按钮，切换至"调节"功能区，如图8-65所示。

图8-65

步骤 04 根据视频画面的实际情况，将色温、饱和度、亮度、阴影、锐化、暗角调整到合适的数值，使视频画面表现更有渲染力、主题更加明确，如图8-66和图8-67所示。

图8-66   图8-67

步骤 05 执行上述操作后，预览视频画面效果，调节前后的效果对比如图8-68和图8-69所示。

图8-68   图8-69

　　"风格化"滤镜是一种模拟真实艺术创作手法的视频调色方法，主要通过将视频画面中的像素进行置换，同时查找并增加视频画面的对比度，来生成绘画般的视频画面效果。例如，"风格化"滤镜组中的"蒸汽波"滤镜是一种诞生于网络的艺术视觉风格，最初出现在电子音乐领域，这种滤镜色彩非常迷幻，调色也比较夸张，整体视频画面效果偏冷色调，非常适合渲染情绪。

8.10　文艺小清新色调 女大学生

　　本案例主要利用滤镜对视频画面进行调整，使视频画面中的人物表现得清新自然，让人物形象更加丰满立体。

步骤 01　在剪映中导入名为"女大学生"的视频素材，将其添加至时间轴，如图8-70所示。

图8-70

步骤 02　单击"调节"按钮，切换至"调节"选项区，如图8-71所示。

图8-71

步骤 03　根据视频画面的实际情况，将色温、色调、饱和度、对比度、阴影调整到合适的数值，使视频画面表现更有渲染力、主题更加明确，如图8-72所示。

图8-72

步骤 04 单击"滤镜"按钮 ⊠，切换至"滤镜"功能区，在"人像"选项区中选择"净透"滤镜，将其添加至时间轴中，并适当调整滤镜素材的持续时长，使其时长与视频素材时长保持一致，如图 8-73 所示。

图 8-73

步骤 05 执行上述操作后，预览视频画面效果，调节前后的效果对比如图 8-74 和图 8-75 所示。

图 8-74

图 8-75

第 9 章

字幕效果:视频中
必不可少的吸睛点

　　视频中的字幕能够起到提示内容、解释说明的作用,而一些奇特的字幕效果还能提升视频的趣味性。本章主要对字幕效果的添加和运用进行说明。

9.1 剪纸字幕 Vlog 片头

本案例使用剪映中的字幕样式和动画效果来制作有趣的剪纸字幕 Vlog 片头，下面介绍具体的操作方式。

步骤 01 在剪映"素材库"中的"背景"分类下选择合适的背景，将其添加至时间轴，如图 9-1 所示。

图 9-1

步骤 02 单击"文本"按钮 T，新建"默认文本"，添加字幕至时间轴，并调整其持续时长，使其和背景素材时长保持一致，如图 9-2 所示。

图 9-2

步骤 03 更改字幕文本内容，并为字幕文本内容添加描边和阴影，更改后的参数如图 9-3 和图 9-4 所示。

图 9-3   图 9-4

步骤04 单击"动画"选项，在"循环"分类下为字幕添加名为"晃动"的动画效果，如图9-5所示，调整动画效果时长，使其与字幕时长保持一致。

图9-5

步骤05 复制已经调整好的字幕，并修改字幕文本内容，修改后如图9-6所示。

图9-6

步骤06 调整字幕位置，使其位置贴合视频画面效果，如图9-7所示。

步骤07 在添加好的字幕上方再添加合适的字幕，添加后预览视频画面，调整前后的效果对比如图9-8所示。

图9-7

图9-8

▍提示

为字幕添加动画效果时，应该根据视频的风格和内容来进行，比如在上述案例中，因为需要文字模拟剪纸晃动的状态，所以就使用了"循环"分类下的"晃动"效果，同时通过调整层级，使文字部分重合，营造出一种剪纸晃动的效果。而一旦选择了与视频内容不相符的动画效果，则很可能让观众的注意力难以集中在视频本身。

9.2 镂空文字 影视大片

本案例主要介绍如何通过制作镂空文字效果来打造影视感画面，接下来介绍如何操作。

步骤01 在剪映的"素材库"中找到"黑场"效果，将其添加至时间轴，如图9-9所示。

图9-9

步骤02 单击"文本"按钮T，新建"默认文本"，将其添加至时间轴，并调整持续时长，使其与"黑场"素材时长一致，如图9-10所示。

图9-10

步骤03 更改字幕文本内容为"THIS IS CHANGSHA"并适当调整字幕的字体、字号和位置，如图9-11所示。

图9-11

步骤 04 将时间线拖至视频开始处，添加一个关键帧，如图9-12所示。

图9-12

步骤 05 将时间线拖至视频结尾处，添加一个关键帧，并调整字幕位置，如图9-13所示。

图9-13

步骤 06 单击"音频"按钮♪，为视频添加合适的音效素材，添加后调整"黑场"素材时长、字幕视频素材时长，使其与音效素材时长一致，如图9-14所示。导出已经设置好的字幕视频素材。

图9-14

步骤 07 在剪映中导入刚刚导出的字幕视频素材和名为"长沙"的视频素材，将其添加至时间轴，如图9-15所示。

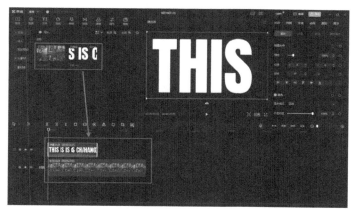

图9-15

步骤08 选中字幕视频素材，将其混合模式改为"变暗"，如图 9-16 所示。

图 9-16

步骤09 单击"音频"按钮⧉，为视频素材添加合适的音乐素材，并对音乐素材和视频素材进行裁剪使其贴合视频画面表现效果，如图 9-17 所示。

图 9-17

步骤10 单击"文本"按钮⊤，新建"默认文本"，调整字幕的内容、字体、字号和样式，调整后如图 9-18 所示。

图 9-18

步骤11 执行上述所有操作后，预览视频画面效果，调整前后的效果对比如图 9-19 和图 9-20 所示。

图 9-19

图 9-20

9.3 花字效果 萌宠日常

剪映中内置的花字可以帮助用户迅速地制作出好看的字幕，还可以制作多种不同的效果，接下来介绍如何制作花字效果。

步骤 01 在剪映中导入名为"猫咪"的视频素材，将其添加至时间轴，如图9-21所示。

图 9-21

步骤 02 单击"文本"按钮，新建"默认文本"，更改字幕文本内容为"可可爱爱没有脑袋"，并调整字幕文本持续时长，使其与视频素材时长保持一致，如图9-22所示。

图 9-22

步骤 03 调整字幕的位置、字号、字体和样式，使其贴合视频画面，如图9-23和图9-24所示。

图 9-23

图 9-24

步骤 04 单击"动画"选项，为字幕文本添加名为"晃动"的循环动画，如图9-25所示。

图 9-25

步骤 05 单击"音频"按钮⑥，在"音乐素材"选项区中找到合适的背景音乐并将其添加至时间轴，删除多余的音乐素材，调整后如图9-26所示。

图 9-26

步骤 06 执行上述操作后，预览视频画面效果，如图 9-27 所示。

图 9-27

9.4 烟雾文字 汉服之美

本案例将通过运用剪映素材库中的"烟雾粒子消散"效果素材结合混合模式功能，制作出令人惊艳的烟雾效果。

步骤01 在剪映中导入名为"汉服"的视频素材和"素材库"中的"烟雾粒子消散"效果素材，将其添加至时间轴，如图9-28所示。

图9-28

步骤02 选中"烟雾粒子消散"效果素材，将其混合模式更改为"滤色"，如图9-29所示。

图9-29

步骤03 单击"文本"按钮，新建"默认文本"，为视频素材添加字幕，并调整字幕内容为"汉服之美"，如图9-30所示。

图9-30

步骤04 调整字幕的字体、字号和样式，使其与"烟雾粒子消散"特效更为贴合，调整后如图9-31所示。

图9-31

步骤 05 单击"动画"选项，为字幕添加名为"溶解"的入场和出场动画效果，如图9-32和图9-33所示。

图9-32

图9-33

步骤 06 单击"滤镜"按钮，切换至"滤镜"功能区，在"风格化"选项区中选择名为"竹绢"的滤镜效果，将其添加至时间轴并调整滤镜时长，使其与视频素材时长一致，如图9-34所示。

图9-34

步骤 07 单击"音频"按钮，切换至"音乐素材"功能区，为视频素材添加合适的背景音乐，并根据节拍裁剪背景音乐，裁剪后如图9-35所示。

图9-35

步骤 08 执行上述操作后，预览视频画面效果，如图 9-36 所示。

图 9-36

9.5 文字倒影 大美江南

本案例通过将混合模式功能和镜像、旋转功能结合，制作水面倒影文字效果，使视频画面表现更加生动。

步骤 01 在剪映的"素材库"中找到"黑场"素材，将其添加至时间轴，如图 9-37 所示。

图 9-37

步骤 02 单击"文本"按钮 T，新建"默认文本"，将字幕添加至时间轴，并更改字幕内容为"江南"，如图 9-38 所示。

图 9-38

步骤 03 调整字幕的字体，并调整字幕时长，使其与"黑场"素材时长一致，调整后如图 9-39 所示。

图 9-39

步骤 04 导出本段视频素材。在剪映中导入名为"江南"的视频素材和本段视频素材，将其添加至时间轴，如图 9-40 所示。

图 9-40

步骤 05 选中字幕，将其混合模式更改为"滤色"，并调整字幕位置，如图 9-41 所示。

图 9-41

步骤 06 复制添加的字幕，对其进行镜像、翻转处理后，调整字幕的不透明度和位置，使其更加真实，如图 9-42 所示。

图 9-42

步骤07 为两段字幕都添加名为"渐显"的入场动画和名为"渐隐"的出场动画，并调整字幕时长，使其与视频画面相匹配，如图9-43所示。

图9-43

步骤08 单击"音频"按钮♪，切换至"音乐素材"功能区，为视频素材添加合适的背景音乐，并适当裁剪音乐素材和视频素材，使两者的时长保持一致，如图9-44所示。

图9-44

步骤09 执行上述操作后，预览视频画面效果，如图9-45所示。

图9-45

■ 提示

制作倒影字幕时最好是选择水面、镜面等素材作为背景，这样能够最大限度呈现倒影字幕的效果。

9.6　KTV 字幕 MV 制作

本案例将通过剪映中的字幕动画效果来制作MV中的歌词变色效果，接下来介绍详细的操作步骤。

步骤 01　单击"音频"按钮🎵，切换至"音乐素材"功能区，选择合适的背景音乐，将其添加至时间轴，如图9-46所示。

图 9-46

步骤 02　在剪映"素材库"中找到合适的视频素材，并将其添加至时间轴，如图 9-47所示。

图 9-47

步骤 03　调整视频素材时长，使其与音乐素材时长保持一致，如图 9-48所示。

图 9-48

步骤04 选中音乐素材，单击"文本"按钮T，切换至"识别歌词"功能区，单击"开始识别"按钮，识别音乐素材中的歌词，并自动添加歌词字幕，如图9-49所示。

图9-49

步骤05 选中字幕，调整字幕样式和字号，如图9-50所示。

步骤06 单击"动画"按钮，为字幕添加名为"卡拉OK"的入场动画效果，并调整动画效果时长，使其与字幕时长一致，如图9-51所示。

图9-50

图9-51

步骤07 调整每一段字幕的动画效果时长，使其与字幕时长一致，调整后如图9-52所示。

步骤08 执行上述操作后，预览视频画面效果，如图9-53所示。

图9-52

图9-53

第 10 章

卡点效果：动感
视频更具感染力

　　卡点是将视频素材的变化和音乐节拍相结合，制作极具节奏
感的视频效果，从而吸引用户观看视频。本章将介绍蒙版卡点、
分屏卡点、变速卡点、定格卡点、文字卡点和变色卡点这6种卡
点视频的制作方法。

10.1 蒙版卡点 塞纳河畔

本案例将介绍蒙版卡点的制作方法，主要使用剪映中的色度抠图功能和动画功能，使视频动感十足。

步骤 01 在剪映中导入名为"塞纳河畔"的视频素材，将视频素材添加至时间轴，如图10-1所示。

图10-1

步骤 02 在剪映"素材库"中搜索"绿幕卡点"，找到合适的绿幕素材并将其添加至时间轴，如图10-2所示。

图10-2

步骤 03 选中绿幕素材，对其适当裁剪，删除多余的绿幕素材，删除后如图10-3和图10-4所示。

图10-3　　　　　　　图10-4

步骤 04 选中绿幕素材，单击"抠像"选项，切换至"抠像"功能区，开启"色度抠图"功能，如图10-5所示。

图10-5

步骤 05　单击"取色器"按钮，选取绿幕素材中的绿色，将强度值和阴影值分别调整为100，消除视频画面中的绿色，如图10-6所示。

图10-6

步骤 06　删除多余的视频素材，使轨道上的视频素材时长和绿幕素材时长保持一致，从而拥有更好的视频画面表现，处理后如图10-7所示。

图10-7

步骤 07　选中视频素材，单击"动画"选项，切换至"动画"功能区，为视频素材添加名为"渐显"的入场动画效果，如图10-8所示。

图10-8

步骤 08　执行上述操作后，预览视频画面效果，如图10-9所示。

图10-9

10.2　分屏卡点 浪漫巴黎

本案例将通过剪映中的蒙版功能来制作视频卡点效果，结合背景音乐使视频变化与音乐节拍一致，接下来介绍详细的操作步骤。

步骤 01 在剪映中导入名为"埃菲尔铁塔"的视频素材，将其添加至时间轴，如图10-10所示。

图10-10

步骤 02 单击"蒙版"选项，切换至"蒙版"功能区，单击"矩形"选项，为视频素材添加矩形蒙版，如图10-11所示。

图10-11

步骤 03 调整矩形蒙版位置、旋转、大小的值，调整后如图10-12所示。

图10-12

步骤 04 复制3段相同的调整好的蒙版素材，如图10-13所示。

图10-13

步骤05 单击"音频"按钮，切换至"音乐素材"功能区，为视频素材添加合适的背景音乐，并开启"自动踩点"功能，删除多余的背景音乐片段，如图10-14所示。

图10-14

步骤06 根据背景音乐的节拍点为视频素材添加名为"渐显"的入场动画效果，并调整入场动画效果，使其贴合背景音乐的节拍点，如图10-15所示。

图10-15

步骤07 适当调整其余视频素材的时长和入场动画效果时长，制作出视频素材依次入场的效果，调整后如图10-16所示。

图10-16

步骤08 将原视频素材添加至时间轴，在视频素材开始处添加一个关键帧，如图10-17所示。

图10-17

步骤 09 选中时间轴区域轨道中最上方的视频素材，在该素材开始处添加一个关键帧，并将该关键帧的不透明度参数调整为"0"。将时间线向后拖至最后一段入场动画结束处，为选中的视频素材添加一个关键帧，并将关键帧的不透明度参数调整为0，如图10-18所示。

图10-18

步骤 10 将时间线向后拖，对齐背景音乐的节拍点，添加一个关键帧，并将关键帧的不透明度参数调整为"100"，在视频素材后半段制作出黑线渐渐消失的视频效果，如图10-19所示。

图10-19

步骤 11 执行上述所有操作后，预览视频画面效果，如图10-20所示。

图10-20

10.3 变速卡点 丝滑舞蹈

本案例将介绍如何制作变速卡点视频效果，主要通过使用剪映中的自动踩点功能、曲线变速功能和特效来制作，接下来介绍详细的操作步骤。

步骤 01 在剪映"素材库"找到合适的素材，将其添加至时间轴，如图10-21所示。

图10-21

步骤 02 选中已经添加的视频素材，按组合键Ctrl+Shift+S进行分离音频操作，操作后如图10-22所示，将分离后的音频删除，得到没有背景音乐的视频素材。

图10-22

步骤 03 单击"音频"按钮，单击"链接下载"选项，将下载好的背景音乐添加至时间轴，并删除多余的片段，如图10-23所示。

图10-23

步骤 04 选中添加好的音乐素材，开启"自动踩点"功能，选择"踩节拍Ⅱ"，自动生成节拍后如图10-24所示。

图10-24

步骤 05 根据视频画面中的人物动作和背景音乐节拍点，分割视频片段，删除分割后多余的视频片段，如图 10-25 所示。

图 10-25

步骤 06 选中分割好的第一个视频片段，单击"变速"选项，切换至"曲线变速"功能区，单击"自定义"选项，如图 10-26 所示。

图 10-26

步骤 07 调整该视频片段的变速曲线，使变速点、视频片段结尾和音乐节拍点对齐，调整后的视频片段变速曲线如图 10-27 所示。

图 10-27

步骤 08 调整剩余的视频片段的变速曲线，使其与第一个片段的变速曲线保持一致，使视频片段和音乐节拍点对齐，对齐后删除多余的视频片段，如图 10-28 所示。

图 10-28

步骤 09 分割音乐素材，删除分割后多余的音乐素材，使其时长与视频素材时长保持一致，如图10-29所示。

图10-29

步骤 10 单击"转场"按钮，在"模糊"分类下选择名为"亮点模糊"的转场效果，将其添加至视频素材衔接处，将转场效果时长设置为0.5s，并单击"应用全部"按钮，如图10-30所示。

图10-30

步骤 11 单击"特效"按钮，在"光"分类下选择名为"柔光"的画面特效，将其添加至时间轴，调整特效时长，使其与视频素材时长保持一致，如图10-31所示。

图10-31

步骤 12 单击"滤镜"按钮，在"人像"分类下选择名为"冷白"的滤镜效果，将其添加至时间轴，调整滤镜时长，使其与视频素材时长保持一致，调整后如图10-32所示。

图10-32

148

步骤 13 执行上述操作后，预览视频画面效果，如图 10-33 所示。

提示

视频变速后，如果觉得视频画面不够流畅，可以开启"智能补帧"功能，让视频画面更加流畅。

图 10-33

10.4 定格卡点 猫咪合集

本案例将介绍定格卡点效果的制作方法，这主要是指通过剪映的定格功能和特效来制作极具氛围感的视频画面。

步骤 01 在剪映中导入视频素材，将其添加至时间轴，如图 10-34 所示。

图 10-34

步骤 02 单击"音频"按钮，切换至"音乐素材"功能区，为视频素材添加合适的背景音乐，如图 10-35 所示。

图 10-35

步骤 03 选中已经添加的音乐素材，开启"自动踩点"功能，选择"踩节拍II"，操作后如图10-36所示。

图10-36

步骤 04 根据音乐节拍和视频画面中猫的动作，在合适的位置进行定格操作，将定格画面后的视频素材片段删除，对每一段视频素材都进行相同的操作，操作后如图10-37所示。

图10-37

步骤 05 根据音乐节拍和视频画面适当调整定格画面时长，删除分割后多余的音乐素材片段，如图10-38所示。

图10-38

步骤 06 单击"特效"按钮，在"基础"分类下选择名为"变清晰"的特效，将其添加至时间轴，特效数量应与视频素材片段数量一致。调整特效时长至与视频素材片段时长一致，并调整特效参数，使特效更贴合视频素材。执行上述操作后的效果如图10-39所示。

图10-39

150

步骤 07　单击"音频"按钮⊙，在"音效素材"功能区中选择合适的音效，将其添加至时间轴，如图 10-40 所示。

图 10-40

步骤 08　执行上述操作后，预览视频画面效果，如图 10-41 所示。

图 10-41

10.5　文字卡点 创意歌词

本案例介绍的是文字卡点的制作方法，主要使用剪映的识别歌词功能和字幕动画功能，接下来介绍详细的操作步骤。

步骤 01　在剪映的"素材库"中选择合适的视频素材，将其添加至时间轴，如图 10-42 所示。

图 10-42

步骤 02 单击"音频"按钮，切换至"音乐素材"功能区，为视频素材添加合适的背景音乐，如图 10-43 所示。

图 10-43

步骤 03 选中已经添加的视频素材，切换至"音频"功能区，适当调整视频素材的音量，调小视频素材中的雨水滴嗒声，突出人声部分，如图 10-44 所示。

图 10-44

步骤 04 选中时间轴上的音乐素材，单击"文本"按钮，切换至"识别歌词"功能区，单击"开始识别"按钮，为视频自动添加歌词字幕，如图 10-45 所示。

图 10-45

步骤 05 选中时间轴上的字幕，调整字幕字体、字号、样式、颜色和字间距，调整后如图 10-46 所示。

图 10-46

步骤 06 单击"文本"按钮 TT，新建"默认文本"，根据歌词和节拍更改字幕内容，并将新添加的字幕和原有字幕位置对齐，保持格式一致，如图 10-47 所示。

图 10-47

步骤 07 重复上一步操作，添加第一句歌词内容，并为新添加的字幕添加名为"渐显"的入场动画效果，适当调整动画时长，如图 10-48 所示。

图 10-48

步骤 08 删除原有的第一句歌词，如图 10-49 所示。

图 10-49

步骤 09 为第二句歌词添加名为"向右擦除"的入场动画效果，并适当调整入场动画时长，如图 10-50 所示。

图 10-50

步骤10 为第三句歌词添加名为"向左擦除"的入场动画效果，适当调整入场动画时长，如图10-51所示。

图10-51

步骤11 删除分割后多余的视频素材，如图10-52所示。

步骤12 执行上述操作后，预览视频效果，如图10-53所示。

图10-52

图10-53

10.6 变色卡点 唯美风景

本案例介绍变色卡点的制作方法，主要通过剪映中的曲线变速功能和滤镜功能制作唯美风景画面，接下来介绍详细的操作步骤。

步骤01 在剪映的"素材库"找到一段合适的视频素材，将其添加至时间轴，如图10-54所示。

图10-54

步骤 02 选中添加好的视频素材，对其进行分离音频操作，将分离后的音频删除，如图10-55所示。

图10-55

步骤 03 单击"音频"按钮🔊，切换至"音乐素材"功能区，为视频素材添加合适的背景音乐，如图10-56所示。

图10-56

步骤 04 单击"变速"选项，切换至"曲线变速"功能区，根据音乐节拍和视频画面调整视频变速节奏，调整后如图10-57所示。

图10-57

步骤 05 删除分割后多余的视频素材片段，操作后如图10-58所示。

图10-58

步骤06 根据音乐节拍和视频画面内容在合适的位置进行视频分割，如图 10-59 所示。

图 10-59

步骤07 单击"转场"按钮❐，切换至"转场"功能区，在"模糊"分类下为视频素材添加名为"亮点模糊"的转场效果，并调整转场效果的时长为 1.0s，如图 10-60 所示。

图 10-60

步骤08 单击"滤镜"按钮❒，切换至"滤镜"功能区，为视频素材添加合适的黑白滤镜效果，并适当调整滤镜效果时长，如图 10-61 所示。

图 10-61

步骤 09　单击"特效"按钮 ⚡，切换至"特效"功能区，为视频素材添加合适的特效，并适当调整特效时长，如图 10-62 所示。

步骤 10　执行上述操作后，预览视频画面效果。

图 10-62

提示

在制作变色卡点时，背景音乐可以选择节拍有明显停顿的音乐，以达到更好的视频效果。

第 11 章

抠像合成：创意
合成秒变技术流

在视频制作过程中，用户可以借助剪映中的蒙版、画中画、色度抠图和智能抠像等功能来制作炫目的特效，从而使视频表现更具张力，例如常见的文字穿越效果和人物分身合体效果。拥有炫目特效的视频在各大视频平台上更能吸引用户目光，拥有更多浏览量。

11.1 色度抠图 文字穿越效果

本案例将介绍如何运用剪映中的色度抠图功能制作文字穿越效果，接下来介绍详细的操作步骤。

步骤 01 在剪映中导入名为"云海"的视频素材，将其添加至时间轴，如图 11-1 所示。

图 11-1

步骤 02 为视频素材添加一段字幕，调整字幕时长，使其与视频素材时长保持一致，调整字幕的字体、字号和样式，调整缩放为 5%，如图 11-2 所示。

图 11-2

步骤 03 在字幕开始处添加一个关键帧，同时在视频素材最后添加一个关键帧，并调整最后一个关键帧处的"位置大小"，如图 11-3 所示。

图 11-3

步骤 04 导出该段视频素材，将其命名为"文字穿越效果"。导出后，在剪映中导入名为"文字穿越效果"和"双色湖"的视频素材，将两段视频素材添加至时间轴，如图11-4所示。

图11-4

步骤 05 根据视频画面，调整视频素材时长，如图11-5所示。

步骤 06 选中主轨上第一段视频素材，单击"抠像"选项，切换至"抠像"功能区，开启"色度抠图"功能，单击"取色器"按钮，选取视频画面中字幕的颜色，将强度参数值更改为"20"，更改后如图11-6所示。

图11-5

图11-6

步骤 07 将主轨上的第一段视频素材切换至画中画轨道，切换后如图11-7所示。

步骤 08 为视频素材添加合适的背景音乐，并调整背景音乐的时长，使其与视频素材时长保持一致，如图11-8所示。

图11-7

图11-8

步骤 09 完成上述操作后，预览视频画面效果，如图 11-9 所示。

图 11-9

■■■ **提示**

在制作文字穿越效果时，应将字幕颜色调整为前后视频素材中都没有的颜色，从而保证色度抠图的效果，否则将出现使用色度抠图功能时，视频画面字幕以外部分区域消失的情况。

11.2 智能抠像 人物分身合体

本案例主要通过使用剪映中的定格功能和智能抠像功能来制作人物分身合体效果，接下来介绍具体的操作步骤。

步骤 01 在剪映中导入名为"走路"的视频素材，将其添加至时间轴，如图 11-10 所示。

图 11-10

步骤 02 根据视频画面中人物的动作，将时间线拖至合适的位置，单击"定格"按钮 回，在轨道中生成定格画面，如图 11-11 所示。

图 11-11

步骤 03 调整定格画面至画中画轨道，并调整定格画面时长，使其与主轨上的第一个视频片段时长一致，如图11-12所示。

图11-12

步骤 04 将时间线向后拖至第二个想要定格的位置，单击"定格"按钮 ▣，在轨道中生成第二个定格画面，如图11-13所示。

图11-13

步骤 05 调整定格画面至画中画轨道，并适当调整定格画面时长，使其与主轨上的前两个视频片段时长一致，如图11-14所示。

图11-14

步骤 06 参照步骤04与步骤05，制作若干个定格画面，并相应调整定格画面时长，如图11-15所示。

图11-15

步骤 07 选中画中画轨道上的第一个定格片段，单击"抠像"按钮，切换至"抠像"功能区，开启"智能抠像"功能，如图11-16所示。

图11-16

步骤 08 参照步骤07对其余的定格片段进行相同的操作，操作后如图11-17所示。

图11-17

步骤 09 为视频素材添加合适的背景音乐，并调整背景音乐时长，使其与视频素材时长保持一致，如图11-18所示。

图11-18

步骤 10 完成上述所有操作后，预览视频画面效果，如图11-19所示。

图11-19

11.3 超级月亮 二次曝光合成

本案例将介绍如何使用剪映中的抠像功能来模拟相机拍摄的二次曝光合成效果，接下来介绍详细的操作步骤。

步骤 01 在剪映中导入名为"秋天夜晚的月亮"的视频素材，将其添加至时间轴，如图11-20所示。

图 11-20

步骤 02 复制一段视频素材至画中画轨道，如图11-21所示。

图 11-21

步骤 03 选中画中画轨道上的视频素材，单击"抠像"选项，切换至"抠像"功能区，开启"自定义抠像"功能，使用"智能画笔"圈出月亮范围，单击"应用效果"按钮，如图11-22所示，生成月亮的抠像。

图 11-22

步骤 04 调整画中画轨道上的抠像片段参数，将缩放调整为"150%"，并适当调整其位置，调整后如图11-23所示。

图11-23

步骤 05 再次复制原视频素材至画中画轨道，如图11-24所示。

图11-24

步骤 06 选中画中画轨道上新复制的视频素材，单击"抠像"选项，切换至"抠像"功能区，开启"自定义抠像"功能，使用"智能画笔"圈出月亮范围，单击"应用效果"按钮，生成月亮的抠像，如图11-25所示。

图11-25

步骤 07 为视频素材添加合适的背景音乐，并调整背景音乐时长，使其与视频素材时长保持一致，如图11-26所示。

图11-26

步骤 08　执行上述操作后，预览视频画面效果，如图11-27所示。

图11-27

11.4　多屏开场 炫酷三屏合一

本案例将介绍如何运用剪映中的蒙版功能制作酷炫的三屏合一的开场效果，接下来介绍详细的操作步骤。

步骤 01　在剪映中导入名为"麦田行走"的视频素材，将其添加至时间轴上，如图11-28所示。

图11-28

步骤 02　选中主轨上的视频素材，单击"蒙版"按钮，切换至"蒙版"功能区，为视频添加"镜面"蒙版，适当调整"镜面"蒙版的角度和大小，调整后如图11-29所示。

图11-29

步骤 03 复制该视频素材至画中画轨道，并适当调整"镜面"蒙版的位置、角度和大小，调整后如图 11-30 所示。

图 11-30

步骤 04 参考步骤 03，再次复制该视频素材并对"镜面"蒙版进行调整，调整后如图 11-31 所示。

图 11-31

步骤 05 为视频素材添加合适的背景音乐，并调整音乐素材时长，使其与视频素材时长保持一致，如图 11-32 所示。

图 11-32

步骤 06 选中已经添加的背景音乐，开启"自动踩点"功能，选择"踩节拍 Ⅱ"，开启后如图 11-33 所示。

图 11-33

步骤 07 单击"动画"选项,切换至"动画"功能区,为主轨上的视频素材添加名为"渐显"的入场动画效果,并根据音乐节拍调整动画效果时长,添加后如图 11-34 所示。

图 11-34

步骤 08 选中画中画轨道上的视频素材,根据主轨上的视频素材动画效果和音乐节拍分割视频素材,并将分割后多余的视频素材片段删除,如图 11-35 所示。

图 11-35

步骤 09 选中画中画轨道上的视频素材,单击"动画"选项,切换至"动画"功能区,为视频素材添加名为"渐显"的入场动画效果,根据音乐节拍调整入场动画效果时长,如图 11-36 所示。

图 11-36

步骤 10 参考步骤 08 和步骤 09,对画中画轨道上的另外一段视频素材进行相同的操作,操作后如图 11-37 所示。

图 11-37

步骤 11 单击"特效"按钮 🎬，切换至"特效"功能区，在"动感"分类下选择名为"灵魂出窍"的特效，将其添加至时间轴，并调整特效时长，调整后如图 11-38 所示。

图 11-38

步骤 12 单击"文本"按钮 🎬，切换至"文本"功能区，新建"默认文本"，调整新建文本的内容、字号、字体、样式和时长，调整后如图 11-39 所示。

图 11-39

步骤 13 执行上述操作后，预览视频画面效果，如图 11-40 所示。

图 11-40

11.5　魔法变身 情绪漫画写真

　　本案例将介绍运用剪映中的特效功能和转场功能制作魔法变身效果，接下来介绍详细的操作步骤。

169

第二章　抠像合成：创意合成秒变技术流

步骤 01 在剪映"素材库"中找到合适的素材，将其添加至时间轴，如图 11-41 所示。

图 11-41

步骤 02 单击"特效"按钮，切换至"特效"功能区，在"漫画"分类下添加名为"复古漫画"的特果，如图 11-42 所示。

图 11-42

步骤 03 选中主轨上的视频素材，分离视频画面和音频素材，分离后如图 11-43 所示。

图 11-43

步骤 04 选中分离后的音频素材，开启"自动踩点"功能，选择"踩节拍Ⅱ"，操作后如图 11-44 所示。

图11-44

步骤 05 根据音乐节拍适当调整特效时长，调整后如图 11-45 所示。

图11-45

步骤 06 拖曳时间线至特效结束的节拍点，分割视频素材。单击"转场"按钮 ⋈，切换至"转场"功能区，在"光效"分类下添加名为"泛光"的转场效果，如图 11-46 所示。

步骤 07 执行上述操作后，预览视频画面效果，如图 11-47 所示。

图11-46

图11-47

■ **提示**

可以根据视频画面风格选择不同的漫画特效，从而制作出更好的魔法变身效果。

11.6 调色展示 调色对比效果

本案例将介绍如何使用剪映中的蒙版功能来制作调色对比效果，接下来介绍详细的操作步骤。

步骤 01 在剪映中导入名为"厦门天桥"的视频素材，将其添加至时间轴，如图 11-48 所示。

图 11-48

步骤 02 单击"滤镜"按钮🔲，切换至"滤镜库"，在"风景"分类下为视频素材添加名为"仲夏"的滤镜效果，如图 11-49 所示。

图 11-49

步骤 03 将已经导入的视频素材添加至画中画轨道，如图 11-50 所示。

图 11-50

172

步骤 04 选中画中画轨道上的视频素材，单击"蒙版"选项，切换至"蒙版"功能区，为视频素材添加"线性"蒙版，并调整蒙版的位置和角度，调整后如图 11-51 所示。

图 11-51

步骤 05 根据视频画面内容，将时间线拖曳至高铁车头出现的位置，添加一个位置关键帧，如图 11-52 所示。

图 11-52

步骤 06 将时间线向后拖至高铁车头消失的位置，再次添加一个位置关键帧，并调整蒙版位置和角度，调整后如图 11-53 所示。

图 11-53

步骤 07 为视频素材添加合适的背景音乐，并调整背景音乐时长，使其与视频素材时长保持一致，如图 11-54 所示。

步骤 08 执行上述操作后，预览视频画面效果，如图 11-55 所示。

图 11-54

图 11-55

第 12 章

创意转场：提升
视频档次的关键

　　剪映中自带多种转场效果，用户可以借助它们在不同场景
下轻松制作酷炫的转场，使视频素材之间的过渡更加自然流畅。
本章将通过案例演示转场效果的制作，帮助用户更加快速地制
作更能在感官上给予观众冲击力的视频。

12.1 运镜转场 我的美食日记

本案例介绍的是较为基础的运镜转场，通过转场效果的应用来模拟拍摄时的角度变化等实际运镜效果，使视频素材间的过渡更加和谐。

步骤 01 在剪映中导入名为"大闸蟹"的视频素材，将其添加至时间轴上，如图12-1所示。

图12-1

步骤 02 根据视频画面的变换对视频素材进行分割，分割后如图12-2所示。

图12-2

步骤 03 单击"转场"按钮◻，切换至"转场"功能区，在"运镜"分类下为视频素材添加合适的转场效果，如图12-3所示。

图12-3

步骤 04 选中已经添加的转场效果，单击"应用全部"按钮，快速将该转场效果应用至全部转场中，如图 12-4 所示。

图12-4

步骤 05 完成所有操作后，再为视频素材添加一段合适的背景音乐，预览视频效果，如图 12-5~图 12-7 所示。

图12-5

图12-6

图12-7

12.2 光效转场 闪光氛围大片

本案例将介绍如何通过剪映中的光效转场效果打造闪光氛围大片，接下来介绍详细的操作步骤。

步骤 01 　在剪映中分别导入名为"电线杆""电线杆上的鸟""电线杠上的鸟儿""特写"的视频素材，将其添加至时间轴，如图12-8所示。

图12-8

步骤 02 　适当调整时间轴上的视频素材时长，调整后如图12-9所示。

图12-9

步骤 03 　单击"转场"按钮，切换至"转场"功能区，在"光效"分类下为视频素材添加合适的转场效果，并适当调整转场效果时长，如图12-10所示。

图12-10

步骤 04 单击"应用全部"按钮,将该转场效果应用至所有转场处,如图 12-11 所示。

图12-11

步骤 05 为视频素材添加合适的字幕,并调整字幕的字体、字号、样式、颜色和位置,给字幕添加入场动画效果,使其过渡更加自然,添加后如图 12-12 所示。

图12-12

步骤 06 为视频素材添加合适的背景音乐,并调整背景音乐时长,使其与视频素材时长保持一致,如图 12-13 所示。

图12-13

步骤 07 完成所有操作后，预览视频效果，如图12-14~图12-16所示。

图12-14

图12-15

图12-16

12.3 水墨转场 古装人物混剪

本案例将介绍水墨转场效果的制作方法，主要通过将剪映中的水墨效果素材与混合模式结合起来，制作水墨晕染的视频画面。

步骤 01 在剪映中分别导入名为"采茶""竹扇""树下""吹笛"的视频素材，将其添加至时间轴上，如图12-17所示。

图12-17

步骤 02 将每段视频素材的时长调整为8s，调整后如图12-18所示。

图12-18

步骤 03 在剪映"素材库"中搜索合适的水墨效果素材，并将其添加至时间轴，如图12-19所示。

图12-19

步骤 04 按组合键Ctrl+Shift+S，分离视频素材中原有的音频，并将音频删除，避免视频素材原声影响最后的成片效果，并将水墨效果素材的时长调整为8s，调整后如图12-20所示。

图12-20

步骤 05 选中水墨效果素材，将其混合模式调整为"滤色"，使水墨效果素材中的黑色部分消失，仅保留白色部分，调整后如图12-21所示。

图12-21

步骤 06 选中时间轴上的水墨效果素材，将其复制到合适的位置，使主轨上的每段视频素材都有水墨转场效果，如图 12-22 所示。

图 12-22

步骤 07 为视频素材添加合适的背景音乐，并调整背景音乐时长，使其与视频素材时长保持一致，调整后如图 12-23 所示。

图 12-23

步骤 08 完成上述操作后，预览视频画面效果，如图 12-24 和图 12-25 所示。

图 12-24

图 12-25

■ **提示**

水墨转场效果一般用在古风类视频或者与传统文化有关的视频中，它不仅会让视频画面变得美观，而且与视频主题相得益彰。

12.4 叠化转场 人物重影效果

本案例将介绍通过为视频素材添加入场、出场动画来制作人物重影效果，接下来介绍详细的操作步骤。

步骤 01 在剪映中分别导入名为"清晨沙滩""沙滩行走""女孩"的视频素材，将其添加至时间轴，如图12-26所示。

图12-26

步骤 02 适当调整视频素材时长与变速，让视频画面表现更好，调整后如图12-27所示。

图12-27

步骤 03 将名为"沙滩行走"的视频素材移至画中画轨道，置于名为"清晨沙滩"的视频素材和名为"女孩"的视频素材中间，便于后面制作叠化效果，如图12-28所示。

图12-28

步骤 04 参考步骤03，将名为"女孩"的视频素材移至画中画轨道，如图12-29所示。

图12-29

步骤05 根据视频画面，为视频素材添加"渐显"入场动画效果和"渐隐"出场动画效果，并适当调整动画效果时长，使动画时长都保持一致，如图 12-30 所示。

图 12-30

步骤06 为视频素材添加合适的背景音乐，并适当调整背景音乐时长，调整后如图 12-31 所示。

图 12-31

步骤07 完成上述操作后，预览视频画面效果，如图 12-32 和图 12-33 所示。

图 12-32

图 12-33

12.5 碎片转场 天气变化转换

本案例主要通过运用剪映中的混合模式功能来制作碎片转场效果，接下来介绍详细的操作步骤。

步骤 01 在剪映中导入名为"蓝天白云"的视频素材，将其添加至时间轴上，如图12-34所示。

图12-34

步骤 02 在剪映"素材库"中找到合适的碎片转场素材，将其添加至时间轴上，并调整至画中画轨道，如图12-35所示。

图12-35

步骤 03 适当调整素材时长，便于后期转场特效的制作，如图12-36所示。

图12-36

步骤 04 导出名为"碎片转场"的视频素材，并将其和名为"乌云"的视频素材导入，添加至时间轴，如图12-37所示。

图12-37

步骤 05 适当调整视频素材时长，调整后如图 12-38 所示。

图 12-38

步骤 06 调整名为"碎片转场"的视频素材至画中画轨道，如图 12-39 所示。

图 12-39

步骤 07 选中主轨上的视频素材，单击"定格"按钮▣，为视频添加定格画面，并适当调整定格画面的时长，以便后期制作转场效果，如图 12-40 所示。

图 12-40

步骤 08 选中画中画轨道上的视频素材，将其混合模式更改为"滤色"，更改后如图 12-41 所示。

图 12-41

步骤 09 为视频素材添加合适的背景音乐，并调整背景音乐时长，使其与视频素材时长保持一致，如图12-42所示。

图12-42

步骤 10 完成上述操作后，预览视频画面效果，如图12-43所示。

图12-43

12.6 瞳孔转场 回忆穿越过程

本案例将介绍运用剪映中的蒙版功能和关键帧功能来制作瞳孔转场效果，接下来介绍详细的操作步骤。

步骤 01 在剪映中导入两段视频素材，将其添加至时间轴，如图12-44所示。

图12-44

步骤 02 选中第一段视频素材，根据视频画面，进行"定格"操作后，删除多余的视频素材，如图12-45所示。

图12-45

步骤 03 将定格画面调整至画中画轨道上，如图 12-46 所示。

图 12-46

步骤 04 选中画中画轨道上的定格画面，单击"蒙版"选项，切换至"蒙版"功能区，为定格画面添加"圆形"蒙版，并调整"圆形"蒙版的大小，使其与画面中人物瞳孔大小保持一致，如图 12-47 所示。

图 12-47

步骤 05 单击"蒙版"功能区右上角的"反转"按钮回将蒙版反转，反转后效果如图 12-48 所示。

图 12-48

步骤 06 在定格画面开始处添加一个关键帧，并将其参数调整为如图 12-49 所示。

图 12-49

步骤 07 将时间线后拖一段，为定格画面添加一个关键帧，并调整其参数为如图 12-50 所示。

图 12-50

步骤 08 将该关键帧的缩放参数更改为"500%"，并适当调整其位置，开启"等比缩放"功能，使蒙版位于画面正中心，如图 12-51 所示。

图 12-51

步骤 09 单击"蒙版"选项，切换至"蒙版"功能区，将时间线拖至定格画面最末，添加一个关键帧，并调整蒙版大小，使主轨上的视频素材完全显示出来，如图 12-52 所示。

图 12-52

步骤 10 调整蒙版羽化参数，使瞳孔边缘看起来更加自然，如图 12-53 所示。

图 12-53

步骤 11 为视频素材添加合适的背景音乐，并调整背景音乐时长，使其与视频素材时长保持一致，如图 12-54 所示。

图 12-54

步骤 12 完成上述操作后，预览视频画面效果，如图 12-55 所示。

图 12-55

███ **提示**

从大方向来看，转场主要分为两种，即技巧性转场和非技巧性转场。技巧性转场，指的是在对视频素材进行后期处理时，通过剪辑软件，在视频素材间添加各种效果，实现转场过渡的方式。本章主要通过剪映来制作各种技巧性转场效果。非技巧性转场，指的是用镜头的自然过渡来连接上下两段内容，强调视觉的连续性。非技巧性转场对于拍摄素材的要求较高，并不是任何两个镜头都适合使用此种方式进行转场。如果要使用非技巧性转场，需要注意寻找合理的转换因素，做好前期的拍摄准备。

第 13 章

影视特效: 将视频
做出专业效果

视频中经常会出现一些非常酷炫的特效效果, 使视频画面元素更加丰富, 画面表现更加独特。本章将介绍如何使用剪映来制作各种视频特效, 从而帮助用户制作出画面表现更好的视频。

13.1 奇幻特效 灵魂出窍效果

　　本案例将介绍如何使用剪映中的智能抠像功能和关键帧功能来制作人物灵魂出窍的视频效果，接下来介绍详细的操作步骤。

　　步骤 01　在剪映"素材库"中找到合适的视频素材，将其添加至时间轴，如图13-1所示。

图 13-1

　　步骤 02　选中轨道上的视频素材，按组合键 Ctrl+Shift+S 进行音频分离操作，便于后期制作视频效果，操作后如图13-2所示。

图 13-2

　　步骤 03　选中时间轴上的音频素材，开启"自动踩点"功能，选择"踩节拍Ⅱ"，操作后如图13-3所示。

图 13-3

步骤 04 复制本段视频素材至画中画轨道，选中画中画轨道上的视频素材，单击"抠像"选项，切换至"抠像"功能区，开启"智能抠像"功能，如图13-4所示。

图13-4

步骤 05 根据视频画面内容和音乐节拍分割视频素材，分割后为画中画轨道上的视频素材添加一个关键帧，如图13-5所示。

图13-5

步骤 06 将时间线适当后拖，再次为该视频素材添加一个关键帧，并将后面的关键帧缩放参数调整为"120%"，如图13-6所示。

图13-6

步骤 07 将时间线向后拖，再添加一个关键帧，将该关键帧缩放参数调整为"120%"，如图 13-7 所示。

图 13-7

步骤 08 拖动时间线至需要制作视频效果的位置，分割视频素材，参考步骤 05～步骤 07 进行操作，操作后如图 13-8 所示。

图 13-8

步骤 09 执行上述操作后，预览视频画面效果，如图 13-9 所示。

图 13-9

13.2　酷炫开场 故障文字效果

本案例将介绍通过运用剪映中的特效效果和混合模式功能，制作故障文字效果，接下来介绍详细的操作步骤。

步骤 01　在剪映"素材库"的热门素材中找到一段合适的视频素材，将其添加至时间轴，如图 13-10 所示。

图 13-10

步骤 02　为时间轴上的视频素材添加一段字幕，调整字幕内容、时长、字体和字号，调整后如图 13-11 所示。

图 13-11

步骤 03　选中时间轴上的字幕，单击"动画"选项，切换至"动画"功能区，为字幕添加名为"羽化向右擦开"的入场动画效果，并调整动画时长为"2.8s"，如图 13-12 所示。

图 13-12

步骤 04 导出该视频素材"字幕素材",然后在剪映中导入该视频素材和"粒子特效"素材,将其添加至时间轴,如图 13-13 所示。

图 13-13

步骤 05 将"粒子特效"素材调整至画中画轨道上,并更改"粒子特效"素材的混合模式为"滤色",不透明为"100%",如图 13-14所示。

图 13-14

步骤 06 单击"特效"按钮，切换至"特效"功能区,在"动感"分类和"复古"分类下,为视频素材添加合适的特效,并适当调整特效时长,使特效画面表现贴合视频素材,调整后如图 13-15 所示。

图 13-15

步骤 07 完成上述操作后,预览视频画面效果,如图 13-16所示。

提示

该案例主要是为文字添加特效,但剪映中的文字层无法直接添加特效,所以先制作一段视频素材,导出后以视频形式添加文字特效。

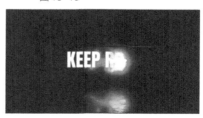

图 13-16

13.3 分身特效 独特的影分身

本案例主要通过剪映中的分身特效来制作独特的影分身效果，接下来介绍详细的操作步骤。

步骤 01 在剪映中导入名为"滑雪"的视频素材，将其添加至时间轴，如图13-17所示。

图13-17

步骤 02 单击"特效"按钮，切换至"特效"功能区，在"人物特效"中找到"克隆"分类名为"分身"的特效，将其添加至时间轴，并调整特效时长，使其与视频素材时长保持一致，如图13-18所示。

图13-18

步骤 03 适当调整特效参数，如图13-19所示。

图13-19

步骤 04 再次为视频画面添加合适的特效，并调整特效时长，使其与视频素材时长保持一致，如图 13-20 所示。

图 13-20

步骤 05 完成上述操作后，预览视频画面效果，如图 13-21 所示。

图 13-21

■■ **提示**

本案例中将特效叠用是为了让视频画面中的影分身更加自然，更能吸引观众的目光。

13.4 定格介绍 人物动作定格

本案例主要通过剪映中的智能抠像功能、滤镜功能、定格功能和特效来打造不一样的视频画面效果，接下来介绍详细的操作步骤。

步骤 01 在剪映中导入名为"古城"的视频素材，将其添加至时间轴，如图 13-22 所示。

图 13-22

步骤 02 复制这段视频
素材至画中画轨道上，选中
画中画轨道上的视频素材，
单击"抠像"选项，切换至
"抠像"功能区，开启"智
能抠像"功能，如图 13-23
所示。

图13-23

步骤 03 单击"滤镜"
按钮，切换至"滤镜"功
能区，在"黑白"分类下选
择合适的滤镜效果，并将其
添加至主轨上的视频素材
中，如图 13-24所示。

图13-24

步骤 04 根据视频画面
变化，进行定格操作，将主
轨视频素材前半段的滤镜效
果强度更改为"0"，并分割
画中画轨道上的视频素材，
便于后续制作视频效果，如
图 13-25所示。

图13-25

步骤 05 单击"转场"
按钮，切换至"转场"功
能区，为视频素材选择合适
的转场效果，并单击"应用
全部"按钮，如图 13-26所示。

图13-26

步骤 06 单击"特效"按钮，切换至"特效"功能区，在"综艺"分类下为后半段画中画视频素材添加名为"冲刺"的特效，并调整特效时长，使其与该半段视频素材时长保持一致，如图 13-27 所示。

图13-27

步骤 07 单击"文本"按钮，为该半段视频添加一段字幕，调整字幕内容、时长、字体、字号和样式，如图 13-28 所示。

图13-28

步骤 08 选中字幕，单击"动画"选项，为字幕添加名为"缩小Ⅱ"的入场动画效果和名为"晃动"的循环动画效果，调整"动画时长"为0.5s，如图 13-29 和图 13-30 所示。

图13-29

图13-30

199

第 13 章 影视特效：将视频做出专业效果

步骤 09 完成上述操作后，预览视频画面效果，如图 13-31 所示。

图 13-31

13.5　环绕效果 动感舞蹈特效

本案例将介绍怎样为视频画面中的人物添加环绕特效和手部特效，从而使视频画面具有更好的表现效果，接下来介绍详细的操作步骤。

步骤 01 在剪映中导入名为"听歌跳舞"的视频素材，将其添加至时间轴，如图 13-32 所示。

图 13-32

步骤 02 单击"特效"按钮 ，切换至"特效"功能区，在"人物特效"中为视频素材添加合适的环绕特效，并调整特效时长，使其与视频素材时长一致，如图 13-33 所示。

图 13-33

步骤 03 在"特效"功能区中，为视频素材添加名为"音符拖尾"的手部特效，并调整特效时长，使其与视频素材时长一致，如图 13-34 所示。

图13-34

步骤 04 为视频素材添加合适的背景音乐，并调整背景音乐时长，使其与视频素材时长一致，如图 13-35 所示。

图13-35

步骤 05 完成上述操作后，预览视频画面效果，如图 13-36 所示。

图13-36

▇ 提示

本章主要讲了运用剪映特效库中的画面特效和人物特效制作酷炫的视频画面效果，同时也讲了关键帧效果的运用，这些画面效果能带给观众独特的视觉感受。

第 14 章

片头片尾：迅速打造个性化短视频

　　在制作短视频时，制作者可以使用剪映中丰富的功能制作好看的片头片尾，从而吸引用户目光。制作者可通过片头片尾进行引流，也可以通过制作酷炫的片头片尾来迅速打造个性化短视频，让短视频更具制作者的个人特色。本章将介绍几种常用的片头片尾制作方法，对其进行详细说明。

14.1 时间跳转 时间快速跳转特效

本案例将介绍如何通过剪映中的混合模式来制作时间快速跳转特效，接下来介绍详细的操作步骤。

步骤 01 在剪映"素材库"中找到一段黑场素材，将其添加至时间轴，如图 14-1 所示。

图 14-1

步骤 02 单击"文本"按钮 **T**，切换至"文本"功能区，添加一段字幕至时间轴，更改字幕的内容、字体、字号、样式、缩放和持续时长，如图 14-2 所示。

图 14-2

步骤 03 选中时间轴上的字幕，对其进行分割，分割后更改字幕内容，如图 14-3 所示。

图 14-3

步骤 04 导出该段视频素材，然后将该段视频素材和名为"海面"的视频素材导入剪映中，将其添加至时间轴，如图14-4所示。

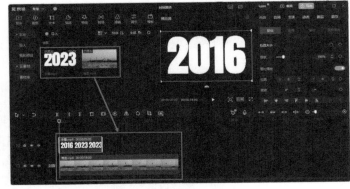

图14-4

步骤 05 选中画中画轨道上的视频素材，更改其混合模式为"变暗"、不透明度为"100%"，更改后如图 14-5 所示。

图14-5

步骤 06 为视频素材添加一段合适的背景音乐，并调整背景音乐时长，使其与视频素材时长一致，如图14-6所示。

图14-6

步骤 07 选中时间轴上的背景音乐，开启"自动踩点"功能，选择"踩节拍Ⅱ"，自动生成音乐节拍，便于后期视频效果制作，如图14-7所示。

图14-7

步骤 08 根据音乐节拍和视频画面，适当调整画中画轨道上的字幕时长，并为其添加名为"渐隐"的出场动画效果，调整后如图 14-8 所示。

图 14-8

步骤 09 根据视频画面和视频效果需要，添加合适的字幕，并调整字幕内容，如图 14-9 所示。

图 14-9

步骤 10 完成上述操作后，预览视频画面效果，如图 14-10所示。

图 14-10

■ **提示**

影视剧中常常利用时间快速跳转特效来表现时间的快速流逝。除了本案例中使用混合模式制作时间快速跳转特效，也可以为字幕添加名为"滚入"的入场动画效果和名为"滚出"的出场动画效果来制作时间快速跳转特效。

14.2 涂鸦开场 Vlog 涂鸦效果开场

本案例将介绍如何通过剪映中的动画效果和混合模式来制作涂鸦效果开场，接下来介绍详细的操作步骤。

步骤 01 在剪映中导入名为"草原骑车"的视频素材，将其添加至时间轴；在"素材库"中找到一段涂鸦效果素材，将其添加至画中画轨道，如图14-11所示。

图14-11

步骤 02 选中画中画轨道上的涂鸦效果素材，将其混合模式更改为"变暗"，不透明度更改为"100%"，使视频画面中的白色部分消失，仅保留黑色部分，模拟涂鸦擦拭效果，如图14-12所示。

图14-12

步骤 03 单击"文本"按钮 ，切换至"文本"功能区，为视频添加一段字幕，并更改字幕内容、位置、字体、字号、样式、颜色和持续时长，如图14-13所示。

图14-13

步骤 04 在字幕开始处添加一个位置关键帧，如图14-14所示。

图14-14

步骤 05 将时间线向后拖，再添加一个位置关键帧，并调整字幕位置和大小，制作字幕跟随人物出现的效果，如图 14-15 所示。

图 14-15

步骤 06 为字幕添加名为"向右缓出"的出场动画效果，使字幕出场更加自然，添加后如图 14-16 所示。

图 14-16

步骤 07 为视频素材添加一段合适的背景音乐，并调整背景音乐时长，使其与视频素材时长一致，让视频画面拥有更好的表现效果，如图 14-17 所示。

图 14-17

步骤 08 完成上述操作后，预览视频画面效果，如图 14-18 所示。

图 14-18

14.3 模糊开场 营造电影氛围感

　　本案例将介绍如何通过剪映中的特效功能制作模糊开场效果，营造电影氛围感，接下来介绍详细的操作步骤。

步骤 01 在剪映中导入名为"风铃"的视频素材，将其添加至时间轴，如图14-19所示。

图14-19

步骤 02 为视频素材添加一段合适的背景音乐，并调整背景音乐时长，使其与视频素材时长一致，如图14-20所示。

图14-20

步骤 03 单击"特效"按钮，切换至"特效"功能区，为视频添加合适的特效，并调整特效时长，使其与视频素材时长一致，如图14-21所示。

图14-21

步骤 04 选中时间轴上的背景音乐，开启"自动踩点"功能，选择"踩节拍Ⅰ"，自动生成音乐节拍点，便于添加特效和后期制作字幕，调整后如图14-22所示。

图14-22

步骤 05 单击"特效"按钮![icon]，切换至"特效"功能区，为视频素材添加合适的特效，并调整特效时长，使其与音乐节拍点相符，调整后如图 14-23 所示。

图 14-23

步骤 06 单击"文本"按钮![icon]，切换至"文本"功能区，为视频素材添加一段字幕，并适当调整字幕字体、字号、样式、颜色和持续时长，如图 14-24 所示。

图 14-24

步骤 07 参考步骤06，继续为视频素材添加字幕，添加合适的入场动画效果并调整字幕时长和入场动画效果时长，如图 14-25 所示。

图 14-25

步骤 08 完成上述操作后，预览视频画面效果，如图 14-26 所示。

图 14-26

14.4　抖音片尾 求关注片尾

本案例将介绍如何通过剪映中的蒙版功能和贴纸功能制作抖音的求关注片尾，接下来介绍详细的操作步骤。

步骤 01　在剪映中导入名为"微笑"的图片素材，再在"素材库"中导入一段黑场素材，将其添加至时间轴，如图14-27所示。

图14-27

步骤 02　选中画中画轨道上的图片素材，单击"蒙版"选项，切换至"蒙版"功能区，添加一个"圆形"蒙版，制作抖音片尾中的用户头像，如图14-28所示。

图14-28

步骤 03　调整蒙版大小，使蒙版能够露出人物脸庞，调整后如图14-29所示。

图14-29

步骤 04　单击"基础"选项，切换至"基础"功能区，适当调整参数，调整后如图14-30所示。

图14-30

步骤 05 单击"贴纸"按钮⏱，切换至"贴纸"功能区，为视频添加合适的贴纸，如图14-31所示。

图14-31

步骤 06 适当调整贴纸大小和位置，如图14-32所示。

图14-32

步骤 07 单击"文本"选项，切换至"文本"功能区，给视频素材添加一段字幕，并调整字幕内容、位置、字体和字号，调整后如图14-33所示。

图14-33

步骤 08 单击"动画"选项，切换至"动画"功能区，为字幕添加名为"爱心弹跳"的入场动画效果，并调整入场动画时长为"2.5s"，如图14-34所示。

图14-34

步骤 09 单击"朗读"选项，切换至"朗读"功能区，选择"小姐姐"音色，单击"开始朗读"按钮，生成人声音频，如图 14-35 所示。

图14-35

步骤 10 单击"贴纸"按钮，切换至"贴纸"功能区，再添加一个贴纸，调整贴纸大小和位置，并为贴纸添加名为"翻转"的循环动画效果，调整动画快慢为"1.0s"，如图 14-36 所示。

图14-36

步骤 11 再次为视频添加贴纸，并调整贴纸大小和位置，如图 14-37 所示。

图14-37

步骤 12 完成上述操作后，预览视频画面效果，如图 14-38 所示。

图14-38

受抖音推送和使用机制的影响，在视频结尾处加上个人标识，能够使观众对视频制作者留下印象，推动粉丝积累。

14.5 滚动片尾 电影滚动字幕片尾

本案例将介绍如何使用关键帧来制作电影滚动字幕片尾，接下来介绍详细的操作步骤。

步骤 01 在剪映中导入名为"呼伦贝尔草原"的视频素材，将其添加至时间轴，如图14-39所示。

图14-39

步骤 02 在视频素材开始处添加一个关键帧，如图14-40所示。

图14-40

步骤 03 将时间线向后拖，再次添加一个关键帧，并调整关键帧参数，如图14-41所示。

图14-41

步骤 04 单击"文本"选项，切换至"文本"功能区，为视频素材添加字幕，并调整字幕内容、位置、字号、样式、颜色、行间距和对齐方式，调整后如图14-42所示。

图14-42

步骤 05 在字幕开始处添加一个位置关键帧，将时间线向后拖，再次添加一个位置关键帧，并调整该关键帧下的字幕位置，制作电影片尾视频画面左移缩小的动画效果，如图14-43所示。

图14-43

步骤 06 为视频素材添加一段合适的背景音乐，并调整背景音乐时长，使其与视频素材时长一致，如图14-44所示。

图14-44

步骤 07 完成上述操作后，预览视频画面效果，如图14-45所示。

图14-45

第 15 章

综合案例: 固态硬盘宣传广告

　　本章作为综合案例, 结合前几章介绍的内容, 将运用各种技巧来实际演示如何制作一个宣传广告视频。本章涉及的案例及步骤仅供参考, 可帮助用户在实践的过程中理解视频制作思路, 举一反三, 制作更好更精美的视频。

15.1 裁剪画面 对画面进行二次构图

在拍摄视频素材时难免会出现画面不够好看、不够突出重点的情况。在后期制作中，我们可以通过裁剪画面来去除其中的瑕疵，使视频画面重点更加突出。接下来介绍详细的操作步骤。

步骤 01 在剪映中导入名为"固态硬盘图片1"～"固态硬盘图片3"的图片素材，将其添加至时间轴，如图15-1所示。

图15-1

步骤 02 选中主轨上的图片素材，单击"调节"选项，切换至"调节"功能区，开启"智能调色"功能，将"智能调色"强度调整为80，并单击"应用全部"按钮，如图15-2所示。

图15-2

■ 提示

智能调色是VIP功能，需要付费购买会员后使用。

步骤 03 单击"裁剪"按钮 ▣ ，适当裁剪画面，使产品更加突出，同时预留部分背景，如图15-3所示。

图15-3

步骤 04 单击"调节"选项，切换至"调节"功能区，调整相应参数，如图 15-4 所示。

图 15-4

步骤 05 参考步骤 03 和步骤 04，适当裁剪和调整主轨上的其余图片素材，使产品主体更加突出，画面更明亮，如图 15-5 和图 15-6 所示。

图 15-5

图 15-6

步骤 06 完成上述操作后，预览视频画面效果，如图 15-7 所示。

图 15-7

15.2　添加动画 使素材出入场更生动

在视频素材开始和结尾处添加动画效果，使视频素材过渡更加自然，同时运用转场效果来模拟运镜等，让视频素材过渡更加流畅，能够制作更有冲击力的短视频，具体操作步骤如下。

步骤 01　在剪映中导入名为"固态硬盘图片1""固态硬盘""固态""SSD"的图片素材与视频素材，将其添加至时间轴，如图15-8所示。

图15-8

步骤 02　选中主轨上的第一段素材，单击"特效"按钮，切换至"特效"功能区，为视频添加合适的开幕特效，并适当调整开幕特效时长，如图15-9所示。

图15-9

步骤 03　选中主轨上的第二段素材，单击"动画"选项，切换至"动画"功能区，为视频添加合适的入场动画效果，并调整入场动画效果时长，如图 15-10所示。

图15-10

步骤 04　参考步骤02和步骤03，为其余素材添加合适的特效和入场动画，并调整特效时长和入场动画时长，添加后如图 15-11 所示。

图15-11

步骤 05　单击"转场"按钮□，切换至"转场"功能区，添加名为"推近"的运镜转场效果，并将运镜转场效果时长调整为1.0s，如图15-12 所示。

图15-12

步骤 06　参考步骤05，为主轨上其余的素材添加合适的光效转场效果，并将光效转场效果时长调整为1.0s，如图 15-13 所示。

图15-13

步骤 07　完成上述操作后，预览视频画面效果，如图 15-14 所示。

图 15-14

第15章　综合案例：固态硬盘宣传广告

15.3　添加特效 为视频添加吸睛元素

　　在视频制作过程中，可以为视频添加各种各样的特效，使视频画面表现更有冲击力。接下来介绍详细的操作步骤。

　　步骤 01　导入一段视频素材，将其添加至时间轴，如图 15-15 所示。

图 15-15

　　步骤 02　单击"音频"按钮 🎵，切换至"音频"功能区，为视频素材添加合适的背景音乐，添加后如图 15-16 所示。

图 15-16

　　步骤 03　选中时间轴上的背景音乐，开启"自动踩点"功能，选择"踩节拍Ⅱ"，如图 15-17 所示。

图 15-17

步骤04 对时间轴区域中已经添加的视频素材进行分割、删除和变速操作，调整各视频素材时长与音乐节拍一致，使视频画面表现更好，视频更具节奏感。各视频素材调整后如图 15-18 所示。

图 15-18

步骤05 单击"特效"按钮🎛，切换至"特效"功能区，选择合适的特效，将其添加至时间轴区域中，使视频画面更加真实，如图 15-19 所示。

图 15-19

步骤06 参考步骤05，再次添加光效特效，调整光效特效时长，使其与视频素材时长一致，如图 15-20 所示，并调整特效强度参数为20。

图 15-20

步骤 07　选中主轨上的视频素材，单击"调节"选项，切换至"调节"功能区，将画面色温参数调整为"-20"，如图 15-21 所示。

步骤 08　完成上述操作后，预览视频画面效果，如图 15-22 所示。

图 15-21　　　　　　　　　　　　　　　　　　　　　　图 15-22

15.4　字幕贴纸 用酷炫文字展现主题

宣传广告视频中最重要的组成部分之一就是字幕，字幕可以使产品主题更加明确，突出产品卖点，好的字幕可以让产品销量更高。接下来介绍详细的操作步骤。

步骤 01　单击"文本"选项，切换至"文本"功能区，为视频素材添加一段字幕，并调整字幕文本内容、字号和位置，如图 15-23 所示。

步骤 02　选中已经添加的字幕，将其复制至时间轴，如图 15-24 所示。

图 15-23　　　　　　　　　　　　　　　　　　　　　　图 15-24

步骤 03　更改复制后的字幕的文本内容、字号和位置，更改后如图 15-25 所示。

步骤 04　参考步骤03，再次添加一段字幕，并更改字幕参数，如图 15-26 所示。

图 15-25　　　　　　　　　　　　　　　　　　　　　　图 15-26

步骤 05 为预览界面中展示的所有字幕添加合适的入场动画效果，并将入场动画时长调整为"0.3s"，如图 15-27 所示。

步骤 06 调整"固态硬盘"字幕的时长，如图 15-28 所示。

图 15-27

图 15-28

步骤 07 为"固态硬盘"字幕添加入场动画效果，并调整入场动画效果时长，如图 15-29 所示。

步骤 08 为"NVMe PCIe4.0 * 4 P3 Plus 1TB SSD"字幕添加名为"向右缓入"的入场动画效果，并将入场动画效果时长调整为 0.4s，如图 15-30 所示。

图 15-29

图 15-30

步骤 09 适当调整已字幕时长，让字幕在"纵向开幕"特效结束后出现，如图 15-31 所示。

步骤 10 为视频剩下的视频素材添加合适的字幕，并调整相应的字幕参数，调整后如图 15-32 所示。

图 15-31

图 15-32

步骤 11 单击"贴纸"按钮 🌙，切换至"贴纸"功能区，添加合适的贴纸，并适当调整贴纸的大小和位置，如图 15-33 所示。

图 15-33

步骤 12 参考步骤 11，再次为视频添加贴纸，并调整贴纸参数，如图 15-34 所示。

图 15-34

步骤 13 完成上述操作后，预览视频画面效果，如图 15-35 所示。

图 15-35